新媽媽心教養

適合0-5歲寶寶的80個小遊戲

阿里媽媽——著

編輯序

每個寶寶心中都住著一個叫快樂的人

如果，向一群小朋友提出一個問題：你們認為的快樂遊戲是什麼？想必，大多數會用IPAD遊戲、手機遊戲和電腦遊戲來回答吧！

常聽一些新手父母抱怨：今日的孩子已經被現代化的科技所蠱惑，除了很早學會使用數位產品之外，再也沒有了自己當年那種單純且美好無瑕的快樂。更確切的說是現在的孩子已經不知道什麼是真正的玩了，或者他們已經不知道什麼是父母所言的那種單純而美好的快樂了。

如果，父母們從此要開始歷數數位產品的十宗罪的話，那麼，也別忘歷數下自己的罪過。

「什麼？我們也有罪?!」

「是的，不僅有，而且『罪大惡極』，因為，寶寶心中那個叫快樂的人早已被你們囚禁！」

在經歷過十月懷胎的小心翼翼之後，新手父母們迎來了更加小心翼翼的「養育時代」。

每個寶寶此時都是父母們的掌上明珠，吃穿住用行都為之安排妥當，一有些「風吹草動」就「草木皆兵」亂做一團。不過，想必令新手父母們最頭痛的就是怎樣陪著寶寶休閒娛樂，一個小嬰兒總不能讓他去網路聊天吧？而且，現在的玩具越來越多，價格越來越貴，對許多家庭來說也是不小的負擔，更別說經常得面對挑選玩具挑到眼花撩亂的尷尬。最重要的是，新手父母們常常擔心這些玩過的玩具能否對孩子的智慧增長、動手能力提高有所好處，這個好處的極限又是什麼？

這一系列的糾結彙集在一點：新手父母們漸漸忽略了寶寶心中的快樂根源，而是單純的想要自己在外人看來是完美的家長！他們阻隔一切可能帶來危險的外界事物，他們購買一切電視購物上所吹噓的育嬰工具，他們從來不曾想過陪伴才是最好的養育。

所以，趁著「罪惡」還未到達極限，放下一切開始與寶寶互動吧！其實，很多遊戲並不需要高級的玩具，反而是自己動腦筋所發現的親子遊戲更能養育出聰明、有創造力的寶寶。

那麼，新手父母如何與自己的孩子快樂？如何去選擇讓孩子快樂的方法？

別急，讓阿里的媽媽告訴你們她是如何與自己的孩子開始最親密和快樂的親子遊戲的！從此，你們再也不用擔心那些商場裡昂貴的玩具買不起，也不用再擔心那些有稜有角的玩具傷了稚嫩的寶寶，一切，都從新手父母們和寶寶心中那個叫快樂的人當起朋友開始。

那個叫做快樂的人有時候是色彩，他的斑斕無時無刻不吸引著寶寶的注意力，與他做朋友，新手父母們就會理解寶寶的內心世界，還可以幫助寶寶們學會辨別顏色哦！

那個叫做快樂的人有時候是聲音，動聽的兒歌與歌曲無時無刻不讓寶寶擁有歡騰的衝動，與他做了朋友，新手父母們就會聽得到寶寶的心聲，還可以幫助寶寶們愛上美妙的音符。

那個叫做快樂的人有時候是形狀，各式各樣的三角、圓形、方形無時無刻不為寶寶們打開一座神秘世界的大門，與他做了朋友，新手父母們就可以帶著寶寶進入未知的世界，讓寶寶們擁有更多的智慧。

那個叫做快樂的人還可以是情景、是生活，是媽媽的手套、爸爸的公事包，是其他小朋友的秘密、是寶寶自己的小心思……那個叫做快樂的人無處不在，生活中的每一樣東西都可以做為寶寶遊戲的道具，而每一個遊戲又能讓寶寶心中的快樂得到最純粹的釋放，而每位新手爸媽也將擁有最無間的親子關係。

希望讀過此書後，各位新媽新爸都能夠像阿里媽媽一樣與寶寶心中那個叫做快樂的人做朋友，和他一起共同開展親子間最溫暖、溫馨的遊戲，並且，培養出另一個快樂、活潑又鬼馬聰明的「小阿里」。

作者序

智慧Baby？玩出來！

懷胎十月，像大多數父母一樣，我懷著忐忑、激動的心情，終於迎來了自己的第一個孩子。他叫阿里，粉粉嫩嫩的在我的懷抱裡哇哇哭泣。看著他晶瑩剔透的眼淚，人生突然間就飽滿起來。

只是這種極致的喜悅還未細細品味，緊接著各種麻煩就接踵而至。在他哭鬧的時候，煩透手邊的玩具的時候，不願洗澡的時候，拒絕穿衣服的時候，倔強的非要拿著一個危險的東西玩的時候，以及很多類似違逆情緒出現時，我都無計可施，我無法轉移他的糟糕情緒，無法讓他快樂的配合我完成一些事情，更無法讓他的情緒一天天豐逸飽滿舒暢，於是我就覺得自己糟糕透頂，是個失敗的媽媽。與朋友傾訴，沒想到她也有類似感覺。再與其他新媽媽一起探討，沒想到，她們也有著跟我一樣的挫敗感。

如何讓自己的孩子有一種快樂的情緒，並在一種樂觀的氛圍裡成長，似乎成了每一位媽媽的心頭疾病。而我也加入這樣的大軍，愁眉不展。只是一個偶然的機會，所有的結在一位媽媽的引導下散開了。

「左三圈，右三圈，脖子扭扭，屁股扭扭，早睡早起，我們來做運動！」聽這熟悉的旋律，這可不是范曉萱的唱片在滾動，而是一位兩個月孩子的媽媽歡愉歌唱的聲音。在我推著阿里去公園曬太陽時，便看到這位媽媽對著她推車中的寶寶賣力的又唱又跳。圍觀的人越來越多，她才不在乎呢！依然喜感十足的表演，神奇的是她推車裡的孩子像是讀懂了媽媽的表情，便也歡愉的扭動起來，那舞動的小手，像是對媽媽表演的積極回應。

「每個孩子骨子裡都有一種玩性，善於挖掘，孩子就會變得樂觀積極，親子互動的小遊戲甚至會讓他們變得很懂事！」見我用崇拜的眼神看她，那位媽媽驕傲的説道。

「我們孩子從出生開始，我就不斷的選擇各種方式與她玩，一開始她也是毫無回應，但時間久了，她就有了反應，並對我的賣力行為給予積極的效仿，妳瞧，我現在將她放到腿上，她就會自己扭屁股，這都是我們長期配合玩樂的結果。」

果然，她剛把小孩放到腿上，那孩子就自顧自的扭動著小屁股，甚至連頭也搖動起來，臉上寫滿歡愉，她的媽媽動一下腿，她就咯咯的笑起來，看著她的笑臉，觀者心裡的各種陰霾似乎能被這樣的笑一掃而光。

我曾聽一位專家説過這麼一句話，玩出智慧小寶貝。在很多大人眼裡，玩似乎是不務正業，可是在很多兒童教育專家的眼裡，玩是開掘寶貝智慧，提高他們的情商，培養他們樂觀積極性格的最好方法。以前不信，看到這位媽媽的孩子，終於相信了。

孩子是上帝賜給每一位媽媽最好的禮物，他們的存在會讓我們的生活更加歡樂豐滿。同時，孩子的教育和未來，也掌握在每一位媽媽的手裡，父母的師表作用，影響孩子的一生，所以如何培養健康上進樂觀的孩子，對每位媽媽來說，任重而道遠。如果我們苦於找不到正確的培養之道的話，就選擇用一些遊戲來跟孩子互動吧！這些遊戲簡單又具啟發意義，與孩子互動的過程中，不但能增進孩子的智力情商，父母也會有所收穫的。

做為一個媽媽，在受到那位跳舞媽媽的啟示後，我一直尋找各種遊戲來與我的孩子交流互動，一晃五年過去，孩子受這些遊戲啟發，為人處事、待人接物、解決問題上都超於同齡的孩子，尤為可貴的是，他的性格開朗積極，從不會被一些負面情緒所左右。所以，我才會把這五年跟孩子互動過的一些遊戲整理出來，跟諸位新媽分享，如果妳還在不知如何跟自己的孩子互動，不知道怎麼讓孩子變得積極樂觀的話，不妨就拿去一試吧！衷心希望這些小遊戲，會如妳所願，讓你們的親子關係更加融洽友好，也能讓妳的寶寶完美成長。

目錄

1 媽媽是推手

0～一歲寶貝遊戲

2 小小寶寶要參與

一歲寶貝遊戲

3

一～二歲寶貝遊戲

家庭成員動起來

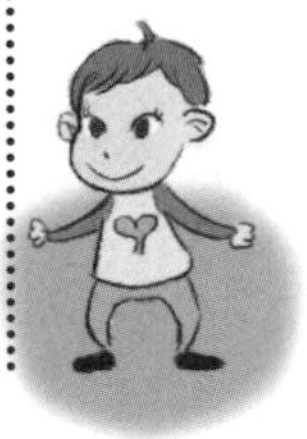

4

兩歲寶貝遊戲

大家來玩「表情戲」

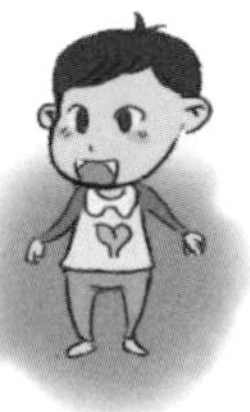

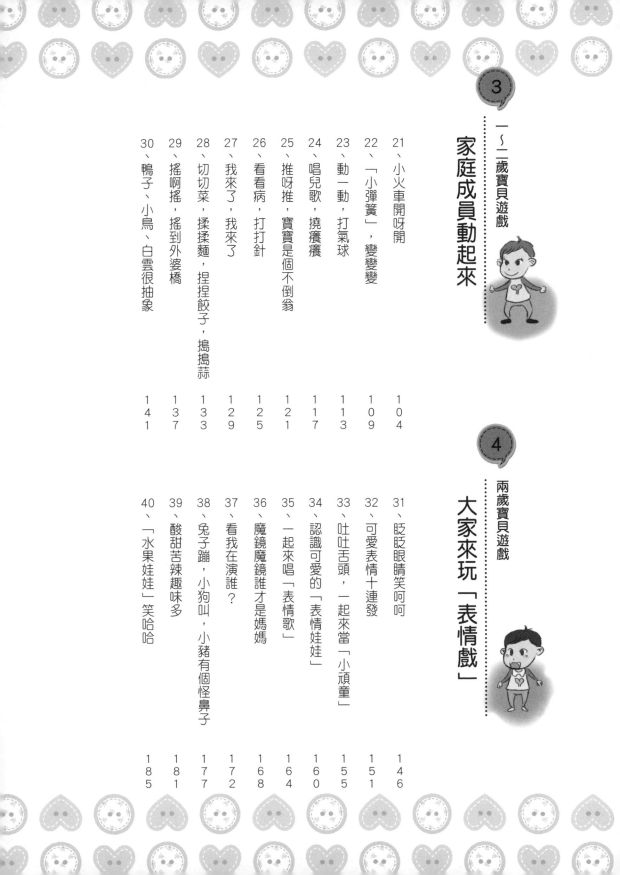

5

二~三歲寶貝遊戲

動一動，能幹寶寶快樂多

6

三歲寶貝遊戲

聰明寶貝「能言善道」

7 三~四歲寶貝遊戲

開發寶寶小腦瓜

8 四~五歲寶貝遊戲

外面的世界真精彩

第一章

〇～一歲寶貝遊戲

媽媽是推手

1 卡片飛飛，小眼睛追追

寶寶，媽媽在給你唱歌耶！

寶寶，笑一個給媽媽！

寶貝，今天媽媽做了很多事情，瞧，我還給你買了好看的布娃娃！

哇，火車開過來了，嗚……瞧，那是一架飛機耶！飛囉！

……

你沒有猜錯，我在逗我一個月大的寶寶開心，我的內心充滿期盼，希望我的努力能得到他積極地回應，可是我真的很失望，在我幾盡耍猴之能時，他卻眼望天花板，口吐泡泡，自得其樂。於是，我的沮喪蜂擁遝至。

就在我鬱悶難當時，外甥來家裡作客，六歲的他看到豆點般大小的弟弟很歡喜，拿著他的汽車卡片舉到平躺的兒子面前，很認真地讓他看，神奇的是兒子的視線竟然一下被抓住了，緊盯著外甥晃

動的手臂，視線緊隨過來。

「這是一輛大卡車，嗚，開走了！」外甥配合著自己的聲音晃動著卡片，兒子的視線依然緊隨卡片而去。

這是否意味著豆點大的小寶寶對於移動的事物有反應呢？於是，我拿來自己帽子上的一個球球在孩子視線內晃來晃去，果然，兒子的視線也是追著球球不放。我又換成其他東西，距離他視線較近的地方晃動，他的目光依然不離此物。

這對我來說可是一大喜事，**看來一個月大小的寶寶更敏感的不是聲音，不是距離他很遠的事物，更不是媽媽竭盡全能的跳跳唱唱，而是適合他這個階段視力範圍內晃動的東西**。

那麼，新媽媽妳們準備好了嗎？接下來我們就跟寶寶一起來做第一款小遊戲吧！

1、新媽媽的遊戲小道具

- 硬紙卡片，黑白彩色各一套（兒童用品店有售，當然，媽媽們也可以找白紙自己繪畫給寶寶看哦！），也可以準備單色物品，比如紅色的毛線球、黑白相間的手套等。

2、新媽媽的遊戲開始啦！

- 讓精神狀態良好的寶寶躺好，媽媽拿起卡片與寶寶視線五公分處坐好。

• 當寶寶的視線落到卡片（或媽媽手裡的其他物品）上後，慢慢移動卡片，向左移，再從左移至右，慢慢加快移動速度。

• 「一輛大卡車」、「一顆紅色的大櫻桃」……配合移動的手勢，把卡片上的事物大聲說出來。

• 當寶寶的視線不願再跟隨卡片時可以停止遊戲。

3、新媽媽新心得

• 一個月大小的寶寶對白底全黑圖案和白底彩色圖案的硬紙卡片興趣濃厚。

• 與寶寶臉部近距離（五公分）接觸的物體以柔軟輕薄為宜，以免掉落砸到寶寶。

• 一開始移動時幅度要慢，慢慢再加快，隨時觀察寶寶的跟隨情況。

• 卡片等物體對寶寶的視覺刺激要在寶寶睡醒狀態良好情況下進行，且時間不要超過十五分鐘。

• 在做卡片移動時，媽媽可以配合聲音來完成，比如「卡車開過去了」、「一個好吃的餅乾來了」等等，在刺激視覺的同時，刺激聽覺器官。

• 如果寶寶有抓的舉動的話，可以讓他摸一摸他所看到的物體。

新媽媽育兒理論小百科

刺激寶寶的視覺器官，能開發寶寶的大腦，讓他更加聰明，同時也能讓親子關係變得更加融洽，進而提高寶寶情商。

2 腳拴氣球多歡騰

上午的陽光真好，帶著兒子去小公園曬太陽。對全職媽媽們來說，這裡可是個好地方，很多家長都會帶著自己的孩子、孫子出來玩，媽媽之間不但可以交流養育經，也可以給自己的孩子找到小夥伴。

我選了個位子剛剛坐定，就有小朋友過來逗兒子玩，兒子因為有一頭捲曲的頭髮，加上皮膚很白，就像個洋娃娃，惹得很多小孩過來看他，兒子見有這麼多人圍觀自己，眨著他懵懂的大眼睛瞧瞧這個，看看那個，但很快他的小眼睛就定格在一個地方了。我隨著他的視線看去，大吃一驚！難道他盯上了對面小姊姊頭上的髮箍？我再仔細觀看，沒錯，那個髮箍上有兩個彈簧固定的米老鼠，小姑娘只要稍稍一動，兩個米老鼠就會隨彈簧的韌性左右晃動，兒子的視線便被這移動的小玩意兒牢牢抓住。

好奇是每一個初生寶貝的特徵，他們在媽媽的肚子裡度過了一個漫長的時期後，終於可以睜開雙

眼仔細的看這個世界了，他們對周邊的一切事物都充滿了好奇，瞧瞧這個，看看那個，簡單的思維在辨識這些東西到底是什麼？所以，當寶寶對這樣一兩個隨意跳動的東西發生興趣時我一點也不感到奇怪。

小姊姊出於對兒子的喜愛，從口袋裡掏出一個氣球，鼓足了勁吹起掛在了兒子的推車上，算是贈送的禮物。好像是受了外面熱鬧氣氛的影響，回到家的兒子竟然異常興奮起來，我輕輕將他平躺到床上，他竟然使勁地蹬著腿，小手也是不斷地揮舞著，那手舞足蹈的樣子，像是中了頭彩。

我進廚房忙了很久，出來時兒子還在自顧自的興奮，於是有些擔心的去觀察他如此反常的原因。很快我就發現，兒子的反常原來跟那個氣球有著直接的關係。屋子開著窗戶，因為空氣的流動，拴在車上的氣球左右搖擺，兒子就是將氣球當成逗樂玩具才會如此興奮。

我將氣球拿下來，丟在兒子看不見的地方，雖然他依然踢腿舞手，只是幅度不再那麼大了，我又把氣球撿起來，隔著一條手帕將綁定氣球的繩子拴在了兒子的腳踝上，兒子一動腿，氣球就飛動起來，兒子蹬腿的幅度越大，氣球飛舞的越快，因為氣球在自己的視線範圍內使勁地飄動，兒子被惹得更高興，小腿踢踢打打越發熱鬧，到後來竟然看著飛舞的氣球，第一次咯咯的笑起來。看得我又驚又好笑。

孩子的簡單無與倫比，一個會動的髮箍玩偶，一個小小的氣球就能逗得他們眉飛色舞，快樂不已，媽媽們也許總是費盡心機想要找尋很多玩具與寶寶互動，殊不知妳身邊的任何東西，只要能抓住寶寶的興趣，就是最好的互動玩具。

諸位寶寶媽如果妳現在還沒有找到讓妳家幾個月大的寶寶可以歡愉的玩具，那不妨就試試便宜又輕巧的氣球吧！

1、新媽媽的遊戲小道具

- 氣球兩個，一大一小，手帕兩條或寬布條兩條。

2、新媽媽的遊戲開始啦！

- 觀察寶寶的活動，如果手臂活動量大，可以將氣球輕繫在胳膊上，如果腿部活動大，可以輕綁在腿上。
- 如果寶寶穿著長袖或長褲，氣球可直接隔著衣服綁定在孩子的手腕或腳踝上，如果是夏季短衣短褲，要先將手帕綁在手腕或腳踝處，再隔著手帕綁定氣球，也可將綁定氣球的繩子換成寬布條，直接綁在寶寶手腕或腳踝處。
- 觀察寶寶的表情，一開始媽媽可以幫寶寶晃動氣球，等寶寶習慣氣球的存在後，可以讓寶寶自行玩樂。

3、新媽媽新心得

- 媽媽如果怕氣球飄動不起來，可以買小號的氫氣球。
- 不可以將氣球的細繩子直接綁在寶寶的手腕或腳踝上，以免弄傷寶寶肌膚。

- 為了方便寶寶活動，最好不要將氣球綁在孩子的衣袖或褲管上，而是選用手帕直接綁定。
- 繫好氣球後，媽媽或其他人要在寶寶身旁陪護，以免氣球繩子纏繞到寶寶脖頸。
- 使用氣球前，最好進行沖洗，晾乾再使用。
- 寶寶看見氣球飄動會很興奮，活動量會加大，家長在遊戲結束時要餵一定量的溫開水給寶寶，遊戲時間不要超過半小時。

新媽媽育兒理論小百科

氣球遊戲，一方面可以增加寶寶活動量，促進腸胃的蠕動，幫助寶寶進食，另一方面腿腳的活動可增加大腦的開發，另外，氣球的移動也能增強寶寶視覺的敏銳程度。

3

舉高高，一架飛機隨意飄

兒子正一天天在長大，六個月大的他，已經能靠著被子小坐一下，也能看懂媽媽的表情，在我手舞足蹈的一番逗弄後，他終於咧開他的金口，做出一個非常喜慶的表情，看來想讓一個似乎笑點不怎麼低的寶寶笑，比周幽王逗褒姒還要難啊！更頭痛的是他的笑少的可憐，哭起來可比孟姜女哭倒長城還要兇猛，這不，一覺醒來，也不知道出於何故，他竟然就哭得讓我沒了主意。

「怎麼回事啊？」老公下班見我滿頭大汗的抱著兒子又跳又唱，趕緊過來詢問原因。耐心不足的我，一把將孩子推到老公懷裡，跑到客廳去喘口氣。原以為老公也會被這小祖宗弄得沒了主意，沒想到只一會兒的工夫，屋裡便沒了哭聲，想著老公不會一生氣將他丟窗外了吧！趕緊回屋，沒想到小小子兒正被他父親駝在肩上，拉著小手，左右晃動著身子做飛機飛行狀呢！

「哄孩子是要方法的，妳老使用妳那套，他早膩了！」老公自鳴得意的教訓起我來。

就在這時孩子又哇哇哭起來。

「來了，坐飛機，嗚，飛了！」老公將孩子從肩部抱下來，兩手放兒子腋下，將他高高舉起，然後向左向右移動，接著又轉了兩個圈圈，於是，我便見一臉哭相的兒子先是好奇的看著父親的動作，接著很享受的咧嘴笑起來。爸爸越是賣力的舉他，他就愈發興奮起來，儘管一開始的表情有些驚恐，可是隨後他就無比享受了，還用他亮晶晶的眼睛看著媽媽，急切地想要表達喜悅之情。

難道寶寶對我的那些搖搖晃晃、拍拍打打的哄寶方法真的是膩了？還是小寶們對舉高有著天生的興趣呢？與老公探討他這一方法的奇妙，忽然恍然大悟：

原來，寶寶躺著或在媽媽懷裡時，所看到的東西和爸爸將他舉高後看到的完全不同，在對周圍環境適應甚至熟悉的情況下，**舉高讓他的視覺範圍內的東西發生了變化，增強了他的視覺搜索能力，他看到了平時看不到的東西**，而且，在爸爸一上一下的舉動中，他身體有了一種新的體驗，這種完全不同的動作讓他很興奮。

於是，以後在寶寶哭鬧時，在不同的地方對他進行舉高，他都會停止哭泣，並立即快樂起來。

當然，我也有所擔心，這樣的舉高會不會損壞寶寶的頸椎或對他的大腦有不好的影響呢？老公打消了我的疑慮，寶寶快樂說明他享受這樣的舉動，只要他不害怕，不哭鬧，那就沒有副作用。

「只要妳抱緊他不讓他摔下來，那就是安全的！」老公微笑著對我說。

也許，很多媽媽像我一樣對孩子的哭鬧方法施盡依舊毫無效用，如果妳還不曾使用舉高高這個遊戲，不妨就用它來哄哄妳家寶貝吧！

1、新媽媽的遊戲小道具

- 媽媽或爸爸的兩隻溫暖有力安全的大手（舉高高遊戲時，爸爸媽媽可以採取站式和坐式，這主要取決於寶寶的年紀和平穩性）。

2、新媽媽的遊戲開始啦！

- 媽媽站好或者坐好，然後抱起寶寶，兩手撐住寶寶腋下，與身體保持平行。
- 媽媽一邊說「小寶貝舉高高」，一邊將寶寶緩緩高舉起來，然後一邊說「小寶貝放下來」，一邊將寶寶放了下來。
- 媽媽將寶寶舉過頭頂時，有的寶寶會感到很害怕，所以當把寶寶放下來時，要給寶寶一個大笑臉，用表情告訴他這樣最開心、最好玩。寶寶會很快理解這種遊戲，也會懂得說「舉高高」時，是上升，說「放下來」時，是下降。
- 採用坐式時，媽媽要端坐在椅子上，雙手放在寶寶的腋下，並將寶寶兩腳夾在兩腿間，然後一邊說「舉高高」和「放下來」，一邊配合寶寶做動作。

3、新媽媽新心得

- 大人的手要將寶寶緊緊地抱穩，確定其穩定性，以免發生意外傷害到嬌小的寶貝。
- 爸爸媽媽在開始的時候幅度不要過大，免得寶寶受到驚嚇，等寶寶適應以後可以適度地瘋一點，沒有關係的。

- 千萬不要將寶寶離開雙手拋起來再接住，這種拋起接住的玩法有很多隱患：上拋太高會使寶寶因失去支持而害怕，而突然接住時的振動會對寶寶半固體的腦組織造成傷害。所以，無論舉高和放下來都要雙手把寶寶拿穩，使寶寶感到安全，這樣寶寶才會快樂。
- 遊戲過程中，媽媽爸爸可以邊與寶貝嬉戲，邊觀察他的表情，如果寶貝害怕被舉高，應立即停止動作。同時，遊戲過程中，不能用力搖晃寶寶，否則可能引起頭蓋內出血或眼底出血的意外情況。
- 親子互動的時候，抱著寶寶多走動，媽媽爸爸更換來進行，培養雙親之間的情感交流。

新媽媽育兒理論小百科

讓寶寶在身體經歷大幅度移動時感到興奮，克服驚恐。逐漸使寶寶聽懂「高」和「下來」的意思。這個階段，除了掌握更多的詞彙外，寶寶的身體語言，尤其是臉部和手勢，也能讓大人更好地理解他，寶寶身體語言的表達能力比口頭表達能力更早成熟。舉高高最關鍵是改變寶寶的視覺搜索能力，讓他們的眼界更開闊。

4 跳一跳，媽媽有張彈跳床

「老婆啊！小寶貝軟綿綿的，妳逗他玩的時候一定要注意啦！」

「老婆啊！妳說我們像他這麼小的時候會玩什麼呢？」

「老婆啊！妳說我們的小寶貝天天不是吃就是睡，妳就不能想點辦法逗逗他，讓他動動？」

……

每次逗小寶貝玩的時候，老公這個新爸爸總是在一旁囉哩叭嗦，總覺得小寶貝實在太小了，哪裡都軟綿綿的，生怕碰壞了小寶貝，有的時候弄得我煩不甚煩。

今天，我剛抱著小寶貝和他玩「盪鞦韆」，老公又非常不放心地過來囉嗦了，我一生氣把小寶貝往他懷裡一塞，賭氣地說：「就你心疼小寶貝，這麼不放心你來照顧。」

老公抱著小寶貝，哭笑不得地望著我：「我一個大男人，怎麼懂得照顧小孩？」

「不管，今天就要你照顧！」說完我假裝生氣地離開了房間。

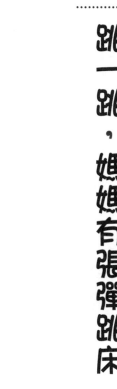

離開房間後，我偷偷地躲在門口往房間裡偷看，只見老公一臉無奈地望著小寶貝，不知如何下手。不一會兒小寶貝哭鬧了起來，揮動著他的小手小腳強烈地抗議著，老公又故技重演玩舉高的戲碼。可是，寶寶已經長到了一個階段，對爸媽重複不斷的一個遊戲已經產生不了更多的興趣，瞧，孩子只在老公懷裡乖了片刻就又哼哼唧唧鬧開了。慌了手腳的老公無計可施，只能大喊：「老婆，老婆，寶貝哭了！」我裝作沒聽見，不理他。

老公見我沒反應，試著用自己的手托起小寶貝的手搖了搖，沒想到小寶貝居然被這個動作吸引了，馬上不哭了，老公又試了試搖了搖小寶貝的腳，小寶貝竟咯咯地笑了。老公一下來了精神，一邊搖晃著小寶貝的小手一邊嘴裡發出「羅羅羅」的聲音，逗的小寶貝笑個不停。沒想到老公還挺能幹的，我也被老公的「孩子氣」逗樂了。

此時的寶寶已經七個月了，全身筋骨也「硬朗」了一些，不再是剛出生時軟綿綿的，透過我的觀察，這時期的寶寶不用人扶也能獨立坐幾分鐘，還爬得很熟練，甚至還會轉圈或後退了，寶寶的平衡能力也越來越強，逐漸能獨自坐穩，可以從趴著轉變成坐姿。**雖然他們還不懂得怎麼拿捏東西，但對於一些小物件，他們會用手指的前半部分和拇指試著撿起，似乎身上的每一個細胞都在強烈的渴望著跳動起來，那麼這個時候，是不是該讓小寶貝跳一跳，活動活動他們正在迅速成長的筋骨呢？**

1、新媽媽的遊戲小道具

- 媽媽們強而有力的雙手和雙腿。

2、新媽媽的遊戲開始啦！

‧媽媽坐著，把兩隻手分別放在寶寶的腋下，讓寶寶站直在自己的大腿上。

‧接著慢慢地媽媽要引導寶寶做跳躍動作：媽媽先用雙手輕輕向上提起寶寶，讓寶寶在媽媽腿上一竄一竄地跳躍，同時也可以用親切並富有節奏的語言伴隨著寶寶做動作，比如可以說「小寶貝跳一跳，長一長，來年當個乖寶寶」以激發寶寶蹬腿的「興趣」。

‧蹦跳一會兒，媽媽如果感覺寶寶累了，還可以站起來握緊寶寶的腋下，懸空提起，擺動寶寶的身體或把寶寶舉得高高的，增加遊戲的趣味性。

‧等寶寶熟悉了這個跳躍動作後，從此只要媽媽一把寶寶放在自己的腿上，他就會不自覺地跳起來。

3、新媽媽新心得

‧遊戲時媽媽們一定要用手扶穩寶寶，每次站立時間也不宜過長，一般每天可練習二～三次就可以了。

‧進行直立跳躍要循序漸進，不斷地訓練會讓寶寶站立的時間不斷延長。

‧懸空擺動或舉高寶寶的時候，動作幅度不要太大，用力也不要太猛，否則，長期如此對寶寶的大腦發育不利。

‧爸爸媽媽的腿及一些柔軟的、有彈性的東西都適合寶寶做這個遊戲，但是切記不要讓寶寶在硬地板或其他很硬的東西上做這個遊戲，以免寶寶受傷。

・隨著練習時間的延長，寶寶很快能夠領悟到這個遊戲的動作要領，會自動地出現直立跳躍動作，並逐漸喜歡上這個遊戲。這樣的遊戲對這麼小的小寶貝來說是很刺激、很過癮的。

新媽媽育兒理論小百科

直立跳躍訓練，需要身體平衡，運動鍛鍊了寶寶前庭系統，使他能在站位、擺位和高位都保持身體平衡。另外，直立跳躍訓練可以讓寶寶在運動中得到歡樂，在快樂的互動中增進親子感情。

5

躲貓貓，找貓貓 貓貓找到了

有一次帶著小阿里去逛商場，在玩具專櫃前徘徊，猶疑不定：到底要買什麼樣的玩具給寶寶好呢？一週歲內的寶寶對於任何東西似乎都建立不起長久的興趣，一時興沖沖買回的玩具，時常被他不屑一顧。在這個養孩子很貴的時代，我不得不精打細算自己的荷包。所以，這個時候我得一件一件拿了在他面前試，才能知道哪一件是他真的喜歡的，如此買回也不至於花冤枉錢。可是我真的很失望，遞到他面前的任何一樣東西他似乎都想要，可是又不是非常喜歡的樣子，甚至有點撿了西瓜丟了芝麻的感覺。

「我看還是隨便拿一件好了！」老公已經不耐煩了。而我也將這次購物歸結為失敗時，售貨員拿來了一個造型可愛的小熊，「瞧，這個多棒，能說英文，還能跟寶貝互動！」售貨員推銷說。

我仔細看，小熊的製作材料很考究，做工細膩，樣子很討人喜歡。售貨員再輕輕一按後面的開關

鍵，手拿手帕的小熊一邊說著「find me」的英文，一邊舉起手帕擋住了自己的臉，隨後又歡笑著把手帕拿下來。寶寶對於這個玩具一開始的熱度真不怎麼樣，可是隨著手帕的移動，以及小熊的歡笑，寶寶的胃口終於被吊起了，他一笑難求的小臉上終於現出了笑容，並隨著小熊的逗樂不斷蕩漾開來，最終轉成了拍手歡笑。

看到兒子如此喜歡，我跟老公也終於如釋重負，難得能求得他喜歡的玩具啊！但是很快我們就笑不出來了，小熊只有老公的拳頭大小，可是價錢卻嚇人。在我們約定不給寶寶買兩千元以上玩具的規章約束下，我們只能空著手快然而歸。

回家後，思來想去，儘管不能如小熊那般可愛，但至少我也能效仿它逗寶寶玩的大概模樣吧！於是，在寶寶精神狀態不錯的情況下，我將他放至床上，自己則躲到床沿下，然後再慢慢探出頭，並對著寶貝「喵」的喊了一聲。

寶貝先是一愣，然後高興地「咯咯」笑起來，並對我反覆的隱藏表現出極度的熱情來。隨後，我又見桌邊有張紙，遂又放到眼前，擋住自己的臉，告訴寶寶媽媽在哪裡？然後再把紙拿開露出自己的臉龐。每次，只要看到我的臉，兒子就會立刻笑開來。而我也是變換表情，一會兒露出苦臉，一會兒是鬼臉，一會兒又是誇張驚訝的臉，而寶寶看到我不同表情後，每一次給出的反應也都不盡相同。我們就這樣在歡樂中度過了美好的親子時間。

瞧，相較於動作單一，價格卻昂貴的玩具娃娃，我這個活玩具是不是功能更豐富呢？

很顯然，寶貝也明白這個道理，自此後對這個遊戲百玩不厭。只要他看到紙張、手帕、絲巾這類東西，就咿咿呀呀發聲、像是在告知我他有跟我玩耍的需求，眼睛一會兒看著媽媽，一會兒盯著我們躲貓貓用的各種道具，明白其意後，我們的遊戲便開始了。

現在，家裡人都很愛和小寶貝玩這個遊戲，無論是她們躲在門後，還是簾子後、桌子後面，他都會用他的小眼睛四處去尋找，直到她們出來，「喵」的一聲，他才「咯咯」地笑起來，並百玩不厭。看到兒子那高興樣，最開心的莫過於我了。

很多人都說一歲以前的寶寶自制能力比較差，常常容易分心，注意力不夠集中，與小寶貝的相處過程中，我發現還真是這樣的，剛剛給他的小玩具，玩一會兒他就扔在一邊；剛剛還和爸爸媽媽玩得興高采烈，眼前有個小東西飄過馬上就被吸引過去——十足的三分鐘熱度，有的時候連三分鐘都沒有。

這讓我突然想起了我的小時候，特別是上課時，總是坐不住，窗外一隻鳥飛過都會被吸引，老師講到了哪裡，講了什麼，根本不知道，也許沒有定力就是小孩子的特徵吧！更別說我這豆點大的小寶貝了。

不過，我的知心好友小麗可不是這麼認為的，她的理論是寶寶的自制能力是在三歲前就培養起來的，0～1歲即是培養的關鍵期。可是，對幾個月大的寶寶妳該如何講道理讓他明白專注的作用呢？培養定力這還真是一道難題。

不過我發現每次和小寶貝玩躲貓貓的時候，他總能很專心地等著我出現，不僅很專心還很有耐心，這種「沒有了——又來了的遊戲」大多數的寶寶都十分喜歡，而且是樂此不疲。

請教了育兒專家後我才明白這個遊戲之所以能夠受到寶寶的歡迎，是因為**處於這一年齡層的寶寶**

的大腦中，已經建立起「物質存在」的基本概念，即玩耍的對象（人或物）是實際存在的，不會發生本質的改變，這一概念的建立將為寶寶進一步探索玩耍的對象，發展新智力概念打下基礎，隨著寶寶對這一遊戲的熱衷，他們對事物的專注能力也會慢慢培養起來。

聽到這樣的言論，我為之一振，看來，和寶寶一起玩躲貓貓的遊戲，不僅沒有壞處，而且是益處多多，不但有助於寶寶自制和專注力的培養，對寶寶的智力發育也有一定的幫助作用，新手爸媽們，你們不妨在哄寶寶的過程中多和寶寶玩一些這樣的遊戲吧！

1、新媽媽的遊戲小道具

- 媽媽溫柔的臉蛋和一張乾淨的紙或手帕或絲巾。

2、新媽媽的遊戲開始啦！

- 媽媽先做示範，預先找一個比較隱蔽的地方躲藏起來，如躲在床沿下，不讓寶寶看見，然後學貓、學狗叫，讓寶寶聽聲音去尋找，或者用布矇住自己的臉，寶寶以為大人消失了，正在疑惑時，媽媽再把布移開，與寶寶逗樂說「喵、喵」，寶寶看到媽媽重新出現時，會很高興，這樣可以使寶寶知道要去尋找消失的東西。
- 這樣玩幾次後媽媽和寶寶互換角色，媽媽用布蓋在寶寶的臉上，然後幫寶寶拉開布，讓他看到媽媽的臉，逗他開心。
- 如此訓練幾次後，他開始有了自己動手拉布尋找消失的東西的動機，寶寶就會自己拿布蒙在臉上，然後自己又掀掉布逗大人玩。

3、新媽媽新心得

- 一歲以前的寶寶自我控制的能力很差，常常表現為容易分心，情緒表現是有很多自發性，無法延緩滿足，易衝動，具有攻擊性。如果爸爸媽媽經常和寶寶玩「躲貓貓」的遊戲，可以提高寶寶的自我控制能力，培養寶寶的耐心。
- 媽媽躲藏起來的時間，不要太長，因為寶寶的注意力很容易被分散，如果媽媽躲藏起來的時間過長的話，寶寶就會認為媽媽不在自己身邊，而去關注別的東西了。
- 在和寶寶玩這個遊戲時，媽媽要注意了每次往外探頭的時候方向要一致，這樣寶寶才容易掌握遊戲的規律。幾個月大的寶寶理解能力是有限的哦！本來寶寶在同一個方向等著媽媽出現，結果媽媽總是從不同的地方出現，上下左右全都換遍了，他理解不了，慢慢地便會對這個遊戲失去興趣。

新媽媽育兒理論小百科

透過和寶寶玩躲貓貓的遊戲，不僅能夠和寶寶建立親密的親子關係，而且還可以提高寶寶對時間、空間中的人或物運動的理解，強化物體依然存在的認識，為今後躲與找之類遊戲的延伸奠定基礎。

6

唱一唱，扭一扭 歌聲真美妙

很多時候看著小寶貝會不自覺地回想起自己的童年，無奈三歲以前自己的記憶一片空白，不知道當時爸爸媽媽是如何帶我這個小不點的，也不知是如何逗我開心的。如今自己當了媽咪，才明白其中的苦與樂。現在阿里小寶貝不僅更加活潑好動了，還開始「呀呀」地和我說話了，真是神奇，讓我這個新媽媽心裡真是高興極了，每每看著他口吐泡泡，牙牙學語，心裡就跟喝了蜜一般地甜蜜。

這天，我帶著小寶貝造訪知心好友小麗。剛一進門，發現小麗正和他們家豆豆在玩。只見小麗把豆豆放在自己腿上，一邊讓豆豆做直立跳躍，一邊說道：「寶寶向上跳一跳，個子一天比一天高！寶寶往上竄一竄，腦子一天比一天歡！」沒想到就是這麼簡單的做法，豆豆那小傢伙玩得不亦樂乎，真是神奇。

那麼，我的阿里小寶貝是不是也喜歡這樣呢？

於是，我也學著小麗的樣子，把阿里放在腿上，開始和他玩。嘿，沒想到小寶貝非常喜歡，咯咯地笑個不停，等他習慣了這個跳躍的動作，即便我不動，他也會在我腿上使著勁地蹦一下，並因自己無法滿足跳躍的高度，哼哼唧唧生起氣來，很明顯是督促媽媽讓他跳起來。一時間讓我有種孩子因為這個遊戲突然變得機靈的感覺。

豆豆比阿里大三個月，雖然相差不大，但是明顯比我家阿里大一圈，會的東西也比阿里多，真是讓我羨慕嫉妒恨啊，恨不得揠苗助長，讓小阿里一夜長大。而小麗在我面前更是以過來人的身分自居，並頭頭是道的跟我講起育兒經來：「**這個時期的寶寶雖然還不能說話，但是已經能夠發出一些短音，與他交流，可以刺激寶寶的說話興趣**。另外，媽媽在說話的時候盡量看著寶寶的眼睛，帶著笑容慢慢的說，說得越慢，寶寶也就越容易接受。當然，做跳躍這樣的遊戲的時候，妳發的音必須是短音，比如『嗒嗒嗒』、『啪啪啪』等，即簡單又富有節奏感，寶寶一定喜歡的。妳還可以配合相應的動作來表示節奏。試試看！」

聽了小麗的話我不停地點頭稱是，覺得小麗真是育兒有方，讓我這個媽媽自嘆不如，決定以後多向她請教「育兒心經」，讓阿里隨著媽媽的合理培養和鍛鍊，茁壯成長。

1、新媽媽的遊戲小道具

- 媽媽們溫柔親切的嗓音。

2、新媽媽的遊戲開始啦！

- 在寶寶精神狀態好的時候，媽媽與寶寶面對面，視線相對，要讓寶寶能看著媽媽的臉部表情及嘴的動作，然後媽媽再和寶寶說話。
- 一開始，媽媽可以自編一些簡單的小曲調，如「啦、啦、啦、啦、啦、啦，寶寶會唱啦、啦、啦」、「媽、媽、媽、媽、媽、媽，寶寶會叫媽、媽、媽」等等，反覆唱給小寶寶聽，媽媽邊「唱歌」時邊指媽媽，使寶寶將發音與媽媽的形象聯繫起來認識，便於經過反覆唱此歌而學會叫媽媽。
- 當寶寶熟悉小曲調後，媽媽放慢速度，並讓他注意觀察媽媽說話時嘴張開、合攏的慢動作，激起寶寶模仿的興趣，引導寶寶學著發出「啦、啦」、「媽、媽」的聲音。
- 寶寶每發對一個音，媽媽就親一下寶寶，對他說：「寶寶說得真好！」並鼓勵他繼續發音。

3、新媽媽新心得

- 玩此遊戲，媽媽應對寶寶笑臉相迎，帶給寶寶愉快情緒，激起寶寶積極主動地模仿，並愉快地進行遊戲，這樣才能達到遊戲的目的。如果寶寶情緒不好時，媽媽不必勉強，可停止遊戲，等寶寶情緒好轉時再進行。
- 寶寶的語言能力不是無師自通的，很多都是透過他自己對身邊人的觀察和模仿學會的。寶寶每天都在留意大人發出的各種聲音。所以聰明的媽媽要透過各種發聲遊戲給寶寶豐富的「學習」材料，幫助他更快地開口說話。

- 寶寶具有很強的模仿能力和理解能力，當寶寶熟悉這個遊戲後，媽媽唱歌時寶寶就會用動作來應和，這時媽媽要表揚寶寶，激發寶寶更大的學習興趣。

新媽媽育兒理論小百科

此款遊戲可以提高寶寶的「說話」熱情，對提升寶寶的聽覺能力、傾聽習慣以及語言符號識別能力都有非常重要的作用，這對寶寶今後語言、交往等的發展是非常有益的，而且透過學習這種有節奏的聲音，可以提高寶寶對節奏的敏感度。

7

擺擺手說再見

好久沒有一家三口出門了，趁著週末，軟硬兼施將老公從床上拉起，讓他帶我和阿里小寶出去呼吸新鮮空氣。

公園清晨的空氣真好，擺動的柳枝，蕩漾的湖水，晨跑的人們，到處都是生機盎然的景象，阿里小寶似乎也被這動態的環境所吸引，眼睛「左右開弓」觀察起周圍的一切來，看到廣場一角一些老太太正做拍手養生，他竟也無師自通的拍起手來，並越拍越歡愉。有個老奶奶很愛憐的對著他往懷中擺手叫他過去，兒子竟也學著樣子，舉著手讓老奶奶過來。雖然他效仿得很生硬，但足以顯現出他在效仿事物方面的驚人能力。

其實，在他五個月大小，每天與我一起「目送」老公上班時，我都會舉起寶寶的小手，搖晃著說跟爸爸說再見。也在他很小時讓他拿捏一些東西，甚至會將一些小豆豆放在他的手心裡，讓他做握的動作，只是，這些舉動像是我的一廂情願，教了無數次他竟然都未能做得好。倒是朋友家的孩子，比他小好幾個月，對於大人教的「再見」、「握手」等動作做得相當嫻熟，問及他們怎麼教時，竟

說一次就學會了，這讓我很鬱悶，難不成我家阿里的身體協調能力和學習能力就比別人差？

可是，時至今日，他竟然無師自通的把幾個月前我費勁教過的動作全都做了出來，難道九至十個月是他能力大爆發的時候？回來諮商一位育兒專家朋友，他的回答是，**八、九個月的寶寶已經初步具備了聽懂某些詞意的能力，這個時候，教他們一些簡單的話語，或者告知他們一些舉動時，他們會有所理解，並進行辨別，從而做出回應。**

我問他那這之前是不是教寶寶做的那些動作都是徒勞，朋友的意思竟是那叫儲備，以前他們能做一些動作，只是模仿，現在做是真正的明白了含意。這讓我恍然大悟。寶寶今天的各種動作都是基於以前我對他的教授，那些一直以來我反覆的教，而他不會做的動作其實已經存在他的腦海，到了今天等他簡單明白其意時，正好可以從腦海中搜集來用。

聽明白了這些，我便買了一些語音的詞卡，回家讓寶寶聽，語音裡說蘋果，我便把畫有蘋果的卡片給他看，說「uncle」我便把小叔子指給他。其實，適當的讓他聽一聽這些詞語，認一認相關的人和物，在他以後明白這些東西時，便會從潛意識裡搜集出來，並迅速對號入座，我想孩子的大腦發育很快，做提前的儲備工作，終有一天對他是有好處的。

第二天的陽光很好，老公親吻兒子的額頭跟他說再見，小傢伙竟出其不意的舉起手來跟爸爸擺了擺，弄得老公因為捨不得他都不願去上班了。

1、新媽媽的遊戲小道具

- 寶寶的小手和媽媽的提示（有的時候需要藉助除了媽媽以外的其他人）。

2、新媽媽的遊戲開始啦！

- 一開始先讓寶寶明白再見的意思。媽媽可以先把寶寶抱著放在膝蓋上，然後和另一個大人聊一會兒天，大人一邊往外走一邊說：「再見」。這時媽媽不但要讓寶寶擺手和大人說「再見」，而且自己也要說「再見」，讓寶寶模仿說「再見」，要反覆多訓練幾次，直到寶寶明白「再見」的意思。
- 平時，當爸爸、媽媽離開家時，要和寶寶招手說「再見」，或說「爸爸、媽媽再見」，並讓寶寶模仿，每天練習，以後說「再見」時，寶寶就會自己招手了。
- 教寶寶做「再見」的時候，可以採用兒歌的形式，比如媽媽可以唱到：「再見呀，再見呀，招招手。招招手，招招手，再見，再見！」讓寶寶更樂於學習。

3、新媽媽新心得

- 八、九個月的寶寶已經開始懂得簡單的語意了。這時爸爸媽媽與之說再見，寶寶也會向你擺擺手。給他不喜歡的東西，他會搖搖頭。玩得高興時，他會咯咯地笑，並且手舞足蹈，表現得非常開心活潑。
- 當寶寶不能一下子學會做「再見」，爸爸媽媽一定不要著急，更不要嫌棄寶寶笨，而是要反覆地做給寶寶看，讓寶寶熟悉這個動作及動作意思。
- 可以找小朋友教寶寶做「再見」，孩子之間有著共同性，他們也許更容易讓寶寶領會其中的意思。

新媽媽育兒理論小百科

做「再見」這個遊戲可以使寶寶理解語言並能使動作和詞聯繫起來，培養禮貌行為。除了做「再見」，像謝謝、你好等禮貌用語爸爸媽媽平時也要多說，教寶寶多做也是十分必要的。

8 握握手打招呼

家裡來了客人，爸爸與對方握手時，十個月的阿里小寶竟然一眼就學會了，於是，自己捏著小拳頭，跟空氣握起了手，那一上一下的手部動作和臉上一本正經的表情，一下就把所有人逗樂了。我自然不會錯過讓阿里鞏固這一動作的機會，於是，拿來一隻布偶，讓阿里跟小布偶握手，幾次的嘗試後，阿里便牢牢掌握了握手要領，再看見有類似跟手接近的東西，他便不自覺的握上去。

但是，在我得意之餘很快就出現了狀況，有天晚上，阿里對著玻璃窗中自己的影子，快速伸手去跟「對方」友好握手，因為用力過猛，弄痛了手指關節，於是便哇哇大哭起來。一旁的奶奶很心疼得趕緊抱起孫子，阿里小朋友卻一點都不買帳，哭得更是一發不可收拾，我從廚房出來，他便一頭撲到我懷裡，蹭著我的肩膀，哼哼唧唧的告起狀來。

我拍著他的後背做安撫狀時，一旁的奶奶竟突然徑直走到陽臺前，對著弄痛孫子手指的玻璃啪啪打了兩下，並對小阿里喊道，「瞧，奶奶已經打它了，壞玻璃，看它以後還敢不敢弄痛我們的寶貝。

鏡子裡的寶貝太壞了，以後我們再也不跟你握手了。」

如此舉動將我嚇了一跳，寶貝更是隨著聲音轉頭不明就裡的看著奶奶。來勁的奶奶竟然又啪啪將玻璃拍了兩下。這次兒子像是明白了用意，掙扎著要從我懷裡下去，我將他放到地上，剛牽起他的小手，他便斜斜歪歪的往玻璃處邁步，像是受到打玻璃這一舉動的影響，原本牽起手只能艱難挪動幾步的兒子，這一次竟然出乎意料的走得多。一到玻璃處，他便學著奶奶的樣子，雙手啪啪拍著玻璃，一臉的滿足樣。

十個月的孩子已經具備了一些認知能力和辨識能力，他們已經清楚地知道誰是媽媽，誰是爸爸，哪個是奶奶，他們也知道大人做得某些舉動到底是何意，所以，當他們摔倒後，大人拍打地板、玻璃時，他們自然明白弄痛他們的就是那些被打的東西，揍它們就是在給自己解氣，下一次他們再摔倒時，如果大人不做出類似的動作，他們就不幹了。

我心知奶奶心疼孫子，更是想要轉移寶寶疼痛的注意力，緩解情緒，所以才會去拍打玻璃，只是對接受能力飛速發展的孩子來說，如果將弄痛自己的錯誤歸結為物，必然會養成他們恃寵而驕，難以自立的壞習慣，必將培養起自私、武力解決問題、不求自我發展、犯錯誤不懂反思自己、推卸責任的人格。

於是，我敲了敲玻璃，對阿里說道，「玻璃很硬，手指撞在上面肯定很痛，所以，以後不能不知輕重的去跟玻璃抗衡。還有，跟人握手時，要輕輕的捏住對方的手指，就像媽媽這樣。」我拉起兒子的手指，溫柔的握了握。兒子茫然的看著我，我深知說的這些話兒子還很難領悟，但隨著他的成長，這些我在他耳旁不斷叨叨的話語，終究有一天他聽得進去的。奶奶也是明白其中的道理，自此以後，兒子摔倒或撞到腦袋時，她不會像以往一樣立刻跑過去抱起來，並拍打肇事物，而是鼓勵孩子自己站起來或揉揉腦袋不哭，一開始孩子會哼哼唧唧的不願站起，但次數多了，見大人不管不顧，他便自己爬起來了，撞到了也是堅強的哼哼兩聲就作罷了。看吧！這就是成果。

這次事件當然沒有影響阿里與人握手的熱情，但凡有人來家裡造訪，他一定會熱情的跑來與對方握手。而他的爸爸也將這當成下班必修課，每晚回家一進門就要嚷著讓阿里過來跟自己握手。不多久，他在與人握手的時候，竟會加上「你好你好」這樣的話語了。

1、新媽媽的遊戲小道具

- 寶寶可愛的小手和媽媽溫暖的大手及細心的教導。

2、新媽媽的遊戲開始啦！

- 把寶寶抱起，讓寶寶坐在媽媽的膝蓋上，或者媽媽和寶寶面對面地坐好。
- 這個遊戲透過兒歌的形式進行最好，比如媽媽一面唱，一面與寶寶做動作：當媽媽唱「找啊，找啊」時招手，唱「找朋友」時和寶寶擁抱，唱「你是我的」時先指寶寶，後指自己，唱「好朋友」時伸手擁抱寶寶，唱「敬個禮」時用右手敬禮，唱「握個手」時與寶寶握手，唱「你是我的好朋友」時先指寶寶後指自己，然後擁抱。

- 當寶寶學會握手動作後，可以讓爸爸抱著布娃娃扮演客人，媽媽和寶寶做主人來玩握手遊戲。
- 家中如果來了客人，爸爸媽媽先和客人握手示範給寶寶看，然後寶寶再和客人握手。
- 爸爸媽媽帶寶寶外出時，見到人要主動去與人握手，並說：「你好！」也同時讓寶寶模仿與人握手的動作，並讓他理解問好的意義。

3、新媽媽新心得

- 寶寶的模仿能力很強，會模仿爸爸媽媽的動作，尤其是拍手、握手等簡單的動作，爸爸媽媽可以透過多種遊戲來鍛鍊寶寶的模仿能力。
- 寶寶學會做動作後，以後每次大人唱歌或者說出「你好」等相對問候語時寶寶都會用動作來應答。
- 能坐穩的寶寶可以更方便地獲取資訊，他可以透過視聽、手摸、嘴啃、腳踢等多方面去認識事物，所以認識事物的範圍和深度比以前增大。**半直立，是刺激寶寶玩手部遊戲的最佳姿勢。**
- 寶寶如果平躺，會對自由地轉動身體及踢腳揮手等動作感興趣，但是舉手則顯得不方便。如果把寶寶抱在懷裡，保持半直立的姿勢，寶寶會興致勃勃地轉動腦袋東看西看，手和手臂會自然地張開、合攏，方便玩手或玩具。因此教寶寶做動作的時候要讓寶寶半直立，最好讓寶寶坐在媽媽的膝上。

- 媽媽在寶寶玩耍的過程中同時要注意教育，比如教他們多說「謝謝」、「你好」之類的禮貌用語，做到真正的寓教於樂。

新媽媽育兒理論小百科

六個月後的寶寶已開始有了依戀、認生、害怕、厭惡等情緒，會對熟悉的人表現出明顯的好感，並且能夠根據與人的親近程度表現出不同的反應。八、九個月的寶寶認生的現象更為常見。

其實，「怕生」是好現象，是寶寶社會性發展到一定程度的表現，是寶寶辨別、感知、記憶能力、情緒及人際關係獲得發展的表現。而握手打招呼遊戲不僅能幫寶寶練習抓握，促進寶寶肢體發育，豐富寶寶的身體語言，還可以培養寶寶良好的禮貌習慣克服怕生的現象。

9 一張紙片變雪花

阿里小朋友坐在爸爸懷裡看電視，兩分鐘時間就打了好幾個哈欠，顯然是對電視內容毫無興趣。所以，在爸爸喝水的空檔，他終於等來了一個「好玩」的東西，抓了半天終於從爸爸手裡抓起飲料瓶蓋，塞到嘴裡快活的咂吧起來。爸爸立即制止，並搶了蓋子蓋到瓶子上。兒子眼見好玩的東西被拿走，便哇哇的叫喚起來，直到繳械投降的老爸給了他，他才滿意的停止了哼唧。

就在我以為他會再一次把蓋子塞到嘴裡時，他竟出人意料的把蓋子蓋在了瓶子上，然後又拿下來，再蓋上去，反反覆覆，樂此不疲。我跟兒子的爸爸受他影響，便也加入遊戲當中，每次在兒子蓋上蓋子時給予鼓掌鼓勵，掉下去時再鼓勵他自己把蓋子撿起，一開始他的動作笨笨的，蓋子蓋得也是歪七扭八，可是，只是幾個回合的工夫，他就能準確地對中瓶口蓋下蓋子，也能很熟練的將掉在地上的蓋子撿起。似乎在分秒之間，他的運作能力都有了快速的發展。

其實，我們大人不也這樣嗎？對於一件事物，如果經常操作，久而久之熟能生巧，閉著眼睛都能

完成了，比如電腦打字這樣的工作，經常打自然是不看鍵盤也能快速準確的打出字來，而一個原本打字很快的人，長久不去碰電腦，時間久了自然手就生了。

孩子的身體協調能力，其實也是從生到熟的過程，反覆的鍛鍊，能開發孩子的身體機能，促進他們身體協調能力的快速發展，相較同齡不常鍛鍊的孩子，他們拿、捏、握的能力和自身的反應能力都要高得多。

可見，常讓孩子做一些能力範圍內的動作，促進他們的成長是很必要。只是做為父母，有時候容易犯懶，只要孩子不吵不鬧，任由他自己去玩算了。我經常也會犯類似的毛病，有了閒暇趕緊睡一會兒的覺，看一會兒無聊的電視劇，或上網玩玩遊戲，至於孩子玩得好不好，似乎都在不經意間被忽略掉。殊不知，在這一刻的時間裡，我們耽誤了多少可幫寶寶開發的能力細胞啊！

倒是我的朋友小麗，帶孩子及其用心和細緻，孩子剛剛會拿捏東西時，她已經幫孩子備好了書本，各類卡通、蔬果的硬質口袋書讓寶寶隨意翻，把衛生紙袋擺在孩子面前，只要他高興，就讓他隨便撕紙玩。結果是，在阿里小寶還不知道燈為何物時，豆豆小朋友在他媽媽問及燈是什麼時，他已經可以準確無誤的把自家的琉璃燈指給我們看了。

看來，陪孩子一起玩，陪著他一起成長，陪著他認識一切他不認識的東西，似乎是每個媽媽深沉愛的一部分。

以下是一款紙屑變雪花的遊戲，新媽媽、新寶貝們一定要快樂玩哦！

1、新媽媽的遊戲小道具

• 爸爸媽媽們不再閱讀的那些舊書、舊報紙、舊雜誌等。

2、新媽媽的遊戲開始啦！

• 玩遊戲前，媽媽事先要對那些舊書、舊報紙、舊雜誌等做除灰塵處理。

• 媽媽當著寶寶的面把大紙撕成小紙，再撕成紙屑，紙屑隨風飛舞，既像雨點又像雪花，多有意思啊！這是寶寶的遊戲性撕紙。

• 為了增加趣味性，爸爸媽媽可以邊撕邊說：「撕啊撕，撕成一條大油條！撕啊撕，撕成一根大麵條。」並和寶寶比比看，誰撕得快，誰撕的次數多，誰撕得細，寶寶就會在這樣的遊戲中很自然就瞭解快慢、數量、間隔等概念。

• 爸爸媽媽可以將樂感啟蒙的內容帶進來。比如，可以特意在撕紙的時候加入一些節奏，或者用不同厚度、不同材質的紙張，撕成不同形狀、不同大小的紙條，拎起紙條，對著紙條吹氣。當氣流透過紙條時，就會發出不同的聲音，這些聲音會隨著我們吹的力度和吹的方式發生改變，於是，一些奇怪的旋律就此產生，對開放寶寶的樂感非常不錯。

3、新媽媽新心得

• 一歲左右的寶寶，只要抓到紙張，都會有一個非常熱衷的行為——把它們撕碎。聽到紙張碎裂的聲音，看到紙張碎裂的模樣，他會十分開心，樂此不疲。當然寶寶出現撕紙現象，是他想透過自己的手改變某些事物，從而滿足新奇感。此時，他們的手部動作漸趨精細，手眼協調能力也基本具備。

- 有的爸爸媽媽擔心教會寶寶撕紙，家裡的書報雜誌就會遭殃了。其實，寶寶一歲前，活動範圍還很小。爸爸媽媽只要把要緊的紙類製品放在寶寶拿不到的地方就可以了。另外爸爸媽媽在和寶寶玩的時候可以教寶寶，讓他分清有些紙是不能撕的。
- 當寶寶發現透過自己小手的動作可以改變紙的形狀和發出撕紙聲響時，會感到歡樂和驚喜，故而樂此不疲。
- 寶寶撕紙的時候爸爸媽媽應該陪在身邊，當心寶寶把紙塞進嘴裡。

新媽媽育兒理論小百科

撕紙，一方面可以鍛鍊寶寶的手部小肌肉，豐富寶寶的聽覺，還可以讓寶寶在這個遊戲中很自然就瞭解快慢、數量、間隔等概念。

10 爬爬小寶貝，看誰動作快

朋友帶著女兒來家裡作客，小姑娘雖然比阿里只大二十多天，可是她性子活潑，臉上總是蕩漾著快樂的笑容，放到床上隨意滾動，爬行更是飛快，下床的功夫更是一等一，就在阿里笨笨的尋找落腳點時，她已經扶著床邊走了大半圈了。眼見地板上鋪了軟軟的泡綿墊子，小姑娘竟放開手，穩穩往前邁了好幾步，感覺有些站不穩時，她又慢慢蹲下身來，手觸到地板才又快活的爬起來，並不時轉身看一眼身後的阿里弟弟。

阿里眼見在速度上輸給了對方，竟趕緊補救起來，手扶住牆壁快速移動，很快就將爬行的小姊姊追到了，隨後又仗著膽大，一手扶牆，一手伸來搆前方的桌子，再扶著桌子往沙發處走，很快就將小姊姊甩在了身後。

兩個小寶的你追我趕，逗得一旁看熱鬧的兩位媽媽開心不已。**原來不過一週歲的寶寶們已經有了競技意識，相互間的比拼在潛意識裡滋生，儘管他們還不知道如何超越對方，但像對方一樣爬行、行走，並加快速度，似乎就是小寶貝們之間比拼的特性。**

瞧，就一眨眼的工夫，兩個小孩就為爭奪一件東西鬧了起來，起初是阿里先撫弄了一下地上的小型鋼琴，爬過來的小姊姊也來撥弄，阿里不讓，使著勁擋在小姊姊前面，對方想要鑽左邊的空，他擋在左邊，想鑽右邊，他又拿胳膊支起防護欄，不讓對方過去。小姊姊自然不示弱，一用力道就將阿里推翻在地，然後也不理會小阿里的哇哇大哭，自顧自得玩起鋼琴來。

為了平息爭端，我給了阿里其他玩具，小姊姊又來搶，不過等她搶到手後又沒有了興趣，一秒的工夫就將玩具丟棄一旁。阿里自然也是，小姊姊玩什麼，他就搶什麼，對方越不給，他搶得越帶勁，一旦對方鬆手給了他，他對這玩具的興趣卻立刻消失了，常常丟到一旁，小眼睛倒是不忘往小姊姊那裡看，但凡對方拿了什麼，立即又產生了戰鬥力，不達到搶來的目的誓不罷休。這便是孩子對一件物品的佔有慾和對輸贏的模糊意識吧！看來，不僅是大人，連孩子也喜歡有較量的生活，似乎只有這樣，日子才有趣一樣。

日子一天天過去，一歲的阿里已經具備了很多能力，瞧，此時的他不但會自己脫襪子，還能將不同形狀的積木對號入座放到各自的空缺裡。他坐在小板凳上翻書的樣子儼然一個刻苦讀書的國小學生，看著不同的圖案咿咿呀呀的說話，一時間口水流了一地。

傍晚時分，拿著他的玩具推車帶他出去玩，在平坦的地方，小傢伙扶著推車，竟有模有樣的走起來。儘管摔得次數很多，可是深知不管怎麼鬧騰媽媽也不會抱他起來的他，哼唧兩聲後就又自己爬起來推著小車走了，實在精神可嘉。

好友小麗說，**一歲的寶寶已經具備了跟夥伴交流和玩耍的能力。**一開始還是半信半疑，等到阿里一歲後，發覺確實如此，每每出去到公園或廣場上，他總喜歡去人多的地方湊熱鬧，尤其喜歡搶奪別家小孩的東西，幾個小夥伴在一起，你爭我搶，熱鬧的氣氛讓小傢伙幾乎忘記了媽媽的存在。

玩具推車是我特意給他買的，一方面方便他借物行走方便，另一方面也是為了鍛鍊他的腿部肌肉能力，來來回回幾個回合後，在阿里一歲二十天時，他終於脫離了外物，邁開了他人生的第一個獨立大步。

1、新媽媽的遊戲小道具

- 寶寶越來越強壯有力的四肢及寶寶喜愛的小物品。

2、新媽媽的遊戲開始啦！

- 爸爸媽媽可以在寶寶爬行前方放一個寶寶喜歡的物品，如色彩對比強烈的圖案，或寶寶喜愛的絨毛玩具等，引起寶寶的興趣，激起寶寶伸手拿取的慾望，促其向前爬行。
- 媽媽將物品放在寶寶前後左右不同的方向，引導寶寶向不同方向爬行，以訓練其靈活性。
- 家裡若是有裝冰箱、洗衣機的空紙箱，可以製成寶寶的爬行玩具。將紙箱兩頭的蓋和底剪掉，使紙箱成為一個方形的筒狀。將紙箱橫放在地上，把寶寶放在紙箱一頭，然後把物品放在另一邊，讓寶寶從紙箱裡看見，鼓勵寶寶鑽「山洞」，爬到爸爸媽媽這邊來。
- 找一個會爬的小朋友一起來玩。兩個寶寶在一起，鼓勵他們爬。當寶寶看到另外的小夥伴爬行時，他也就會模仿，很快學會爬。為了增加趣味性，媽媽可有意設計競賽，在前面逗引，鼓勵兩個小寶寶一起爬向目標。

3、新媽媽新心得

- 媽媽在訓練寶寶爬行前應做好相對的預備工作，不僅能讓爬行訓練更順利，還能防止意外發生。
- 教寶寶爬行時候最好給寶寶穿連身服，爬行時就不會讓寶寶的腰部及小肚肚著涼，同時衣服合身，不會影響寶寶爬行的興致。另外寶寶爬行時候肘、膝部分很容易磨破皮膚，可穿上護肘、護膝。
- 寶寶爬行時一定要有大人的看護，不要讓他可以抓住或拉任何懸在桌邊的物品，以免掉落傷到寶寶。

新媽媽育兒理論小百科

爬行遊戲對寶寶來說可謂益處多多：爬行使寶寶抬頭四處看，從而接受的刺激增多，促進寶寶大腦發育，使寶寶變得更聰明；爬行促進寶寶大腦的平衡能力，協調能力的進一步發展，使寶寶的動作和運動能力得到良好的發展；爬行更有助於寶寶發展走路的正確姿勢，增強寶寶的體力，鍛鍊寶寶的膝、臂的動作協調和四肢關節的靈活度。

第二章

一歲寶貝遊戲

小小寶寶要參與

11

你說，我說 猜猜誰在說

阿里小寶一個月大時，奶奶來家裡照顧他。做為過來人的奶奶認為，孩子的好多好習慣要在月子時期就得養成，拉屎拉尿這樣的事也不例外。所以，在阿里還只有一個月大時，我媽就開始對他進行把尿工作，「噓噓噓噓，寶寶乖，尿尿了。」媽媽溫柔的督促寶寶。可是，奇怪的是，無論奶奶怎麼努力，阿里始終是不給面子。每次等到奶奶失去了耐心，將他放到床上，他倒是很自如地朝天尿了起來，讓人又愛又恨。

所以，等到阿里小寶一歲時，我依然未能培養起他良好的拉屎拉尿習慣。瞧，我抱起他尿尿時，他整個人就會變成一根僵硬的直棍，讓我怎麼勸說都不行，可是等我將他一放到床上、沙發上，他卻立刻一發不可收拾的尿起來，站在地上尿尿時，他也不知道蹲下，站著就尿，時常一天下來，我要給他換五、六條褲子才行，弄得我又累又惱。

有次去嫂子家串門子，他家的小寶比阿里小四個月，那孩子卻是比阿里好帶得多，在他們家三天的日子，我從未見他尿過床，並且能把準確的信號發給他媽媽，讓她知道孩子什麼時候要便便，這讓我覺得他簡直就像個天才寶貝。可是，嫂子不這麼認為，她告訴我，在他的孩子還只有一個月大時，她就開始把著他尿尿了，一開始孩子也是很不配合，可是她從未因為孩子的不配合失去耐心，反而是孩子越反抗，她越堅持把他。等到孩子五、六個月時，這個習慣依然沒培養起來，所以每每把尿，孩子哭鬧不止的情況時有發生，可是嫂子就是不管他，堅持讓他尿完再起來。

「妳就是太心疼孩子了，見他哭就心軟不再堅持，其實，他哭一時，對妳來說，能輕鬆一世。妳想想看，孩子養成把尿習慣，就不會尿得到處都是，妳就不用跟在他屁股後面沒完沒了的收拾，他不尿褲子，也不存在換褲子讓他著涼的可能。所以，狠一狠心讓他養成這樣的好習慣還是很有必要的。」嫂子很有經驗的告訴我。

看來，寶貝一個好習慣的養成，不僅需要媽媽的堅持，也需要媽媽能忍一時之愛，下點狠心才行。古代知名大將岳飛的母親，在岳飛還很小的時候，在他背上刺上了「精忠報國」四個大字。我想，聽著岳飛疼痛的哭聲，他的母親是流著眼淚刺字的吧！可是唯有這種疼痛才能讓岳飛真正記住母親的教誨，才能樹立起偉大的志向，岳母這樣的狠其實比很多媽媽毫無節制、毫無益處的愛要偉大得多吧！

從這件事上，我突然覺得，**其實不光寶寶好習慣的養成需要媽媽的堅持，寶寶能力的提升，自身的發展也需要媽媽做更多的努力和堅持才行。**

我隔壁人家的小孩已經三歲了，小寶貝雖然長得可愛，但說話結巴，我原以為是天生如此，誰知道聽人說起卻是孩子牙牙學語時，教他說話的媽媽因為經常聽到寶寶咬字不清和發錯音的情況而喝斥他，每次寶寶正要試圖說，她便喝斥，久而久之為求發音準確的寶寶，便養成了結結巴巴說話的習慣。這聽起來真是可怕。

小孩子的發展需要媽媽的鼓勵才行，每一個寶寶牙牙學語時都有著咬字不清、發音不準的毛病，這是一個發展的過程，媽媽唯獨耐心的跟寶寶說，給他發音的機會，鼓勵他的進步，才能讓他說話的能力提升，如果因為教不會就對孩子進行喝斥，勢必會造成不好的結果，就像鄰居家的小孩一樣。

細細想來，與孩子有關的任何事情都能變成一種遊戲來完成。像把尿這樣的事情，媽媽吹著口哨讓寶寶噓噓的同時，也可以將一些漂亮的小盆子放在地上，嘴裡可以說：「寶寶尿嘩嘩，盆盆要喝水！」寶寶尿完後，以盆子的口氣感謝寶寶，可以說：「我喝飽了，謝謝寶貝。」輕鬆的把尿氛圍，定然會放鬆孩子的神經，把尿工作就不會那麼辛苦了。更主要的是，遊戲的方式還能促進孩子各項能力的發展呢！

1、新媽媽的遊戲小道具

- 爸爸、媽媽、小寶貝的甜甜的嘴和彼此的照片及一些玩具。

2、新媽媽的遊戲開始啦！

- 給寶寶看媽媽的大照片，媽媽示範發出「媽—媽」的聲音，逗引寶寶注視媽媽的口形，並讓寶寶模仿，讓寶寶明白是誰在和他說話。

- 再換成爸爸的照片，同樣讓寶寶注視，讓爸爸說話，如上，逗引寶寶模仿發出「爸—爸」的音，同時讓寶寶明白是誰在和他說話。
- 媽媽坐好，一手抱寶寶，一手拿著娃娃，假扮娃娃快樂甜美的聲音跟寶寶說話：「乖乖，你好，我是兔（熊、豬……）寶寶！」寶寶喜歡會動的東西，為了更好地吸引寶寶，媽媽可以握著娃娃在寶寶的眼前做動作。比如一會兒把娃娃放到寶寶的肚子上撓癢癢，一會兒放在他的手上、腿上磨蹭，或一邊晃動，一邊說話，這都可以逗寶寶開心，逗寶寶發笑。

3、新媽媽新心得

- 做遊戲時，媽媽應該盡量選擇家裡的日常用品和寶寶熟悉、喜愛的物品，它們更容易吸引寶寶注意力，讓寶寶更感興趣。
- 很多媽媽覺得這時的寶寶看起來好像能聽懂不少話，其實並非如此。寶寶理解的語言內容主要限於他的實際經驗，他無法對超出他實際經驗的事做出判斷和結論。當妳向寶寶說明「為什麼」的時候，他似乎聽得很專注，其實他注意的是妳，而不是妳說的內容，因為他感興趣的是媽媽。
- 寶寶在學習語言過程中通常是看著表情進行的，所以爸爸媽媽豐富的表情更能增加寶寶說話的興趣。

- 學說話的興趣，幾乎是每個寶寶與生俱來的。爸爸媽媽要做的是透過扮演語言遊戲的好玩伴來強化寶寶的興趣。寶寶輕鬆自在地說話和應答，是寶寶語言發展不可或缺的外部條件。

新媽媽育兒理論小百科

有研究顯示，寶寶在出生後對於爸爸媽媽聲音的敏感度超過其他任何的聲音。爸爸媽媽和寶寶交談，在寶寶成長的最初階段是十分重要的。寶寶在會說話時對於聲音的敏感度加強。寶寶的這種對於聲音的分辨能力有助於寶寶語言的培養，特別是對母語的學習。

12

紅豆、綠豆，抓豆豆

有天帶阿里小寶貝去小公園玩，公園一角有幾個乒乓球臺子，幾位老人正在打乒乓球。阿里非要去湊熱鬧，抱他就近觀看。見爺爺把球打飛了，他便掙脫我的懷抱要去撿，爺爺出於對他的喜愛，讓他玩球，他很驚訝的把玩良久後冒出一句驚人的話，「這是什麼？」而且還是連問三遍，這可是自他牙牙學語以來第一次說四個字的話，惹得我又驚又喜。不過，一如他對很多東西的熱情只是三分鐘熱度一樣，對球球的興趣也是很快就過去了，他慣用他對待其他物品的招式，一把將球丟到地上，眼見球球跳起來，他又要，剛送到他手裡，他又再一次扔到地上，看著苦著臉撿球的我一臉的壞笑。

過了一歲的阿里，他的叛逆本性似乎有了一個小高潮，他不但喜歡把東西往地上扔，還很看不慣地要踩上兩腳才甘休，吃飯也是脾氣十足，什麼都得順著他的意思，一旦他要把玩勺子，而我又不給，他就會過來搶，搶不過就開始哇哇大哭。

其實，他除了赤手拿東西吃還可以外，對筷子、勺子這樣的東西都不太會使用，時常是舀了一勺，

拿起來是半勺，送到嘴裡是一滴，湯湯水水灑得滿身都是，可是他依然要逞能。瞧，我剛拿一個香蕉出來打算剝了皮給他吃，他卻不要，非要自己動手。一開始，我是很不願意，一是嫌他做得笨拙，想要趕緊餵他吃，二是東西灑得滿身都是，不好收拾。

可是，後來聽一位育兒教授說，如果不讓孩子實踐他們願意做的事，很可能會養成他們衣來伸手、飯來張口的壞習慣，甚至讓他們出現無法自立的情況，對他們的將來毫無益處。自此，我這種以身代勞的習慣終於有所改變。寶寶要自己吃飯，就給他勺子和一些湯汁較少的食物，時間久了，他竟然也做得有模有樣，對勺子的使用之好超出同齡人的程度。剝香蕉也是，剛開始他不知道怎麼下手，後來透過看我弄，再加上自己的動手，現在給他一根香蕉，他會把根部一折，輕而易舉就能將整個皮撕下來。

孩子的學習能力超乎大人的強，只要給他們機會，他們就會把任何事情做到很好，新媽媽們不妨多給寶寶這樣的機會，讓他們自己去實踐把一件事做好吧！一開始，他們可能做得很不好，甚至可能給妳帶來很多苦惱，可是只要相信妳自己的孩子，他們就一定會把他們最優秀的一面表現出來的。

1、新媽媽的遊戲小道具

- 黃豆、紅豆、綠豆、玉米之類的物品和一個塑膠盤子。

2、新媽媽的遊戲開始啦！

- 媽媽拿出黃豆告訴寶寶這是黃豆，圓圓的，黃色的，硬硬的，然後讓寶寶用手捏或抓。媽媽再拿出塑膠盤子，把豆子倒進盤子裡，然後告訴寶寶，聽，會響哦。

- 媽媽拿出紅豆，告訴寶寶這是紅豆，紅色的，小小的，硬硬的，讓寶寶用手捏抓後，一樣放入盤子。
- 媽媽把事先準備好的綠豆、玉米等同上一樣一樣地拿出來，讓寶寶看完摸完，放入盤子，湊成一盤五顏六色的豆子，吸引寶寶的注意力。
- 媽媽引導寶寶去抓豆子，同時媽媽可以給寶寶發號施令讓寶寶抓一種顏色的豆子。
- 媽媽和寶寶一起玩抓豆子比賽，看誰抓得多，激發寶寶的興趣。

3、新媽媽新心得

- 到了一歲大的時候，寶寶手的發育趨於成熟，能隨意做出各種手的動作，如抓、握、捏等，思維也有了發展，能有意識地往地上扔東西，觀察東西如何落地及落到地上的情形。抓豆子這個遊戲可以很好地滿足寶寶的這個需求，寶寶會對此非常感興趣，樂此不疲。
- 在豆子倒入盤子的過程中不小心掉在地上也沒關係，媽媽可以讓寶寶光著腳在上面走走看，透過寶寶的親身實踐後媽媽再告訴他有點痛，讓寶寶感受到手和腳的不同觸覺。
- 玩抓豆子的時候，爸爸媽媽必須在寶寶身邊，以免寶寶誤食了豆子，不安全。

新媽媽育兒理論小百科

抓豆子的遊戲對於訓練寶寶眼和手活動的協調大有好處，有助於發展寶寶逐漸控制自己手的能力，對手腕、上臂、肩部肌肉的發展也有促進作用，更是綜合地練習了寶寶的認知、視覺、聽覺和觸覺。

13 小鴨子，扭一扭

對大多數媽媽來說，沒有孩子前，老公可能位居第一，可是一旦有了寶貝，就再也沒有人能超越孩子在媽媽心頭的份量了。孩子第一次笑，第一次說話，第一次走路，第一次生病，就像烙印一樣，會深深烙在每個媽媽的腦海裡，使她們每每想起，都會不由自主的嘴角上揚，內心充滿無與倫比的溫暖。

此時此刻，阿里小寶正發著燒，躺在床上昏睡。這已經是他第二次發燒了。從一開始的手忙腳亂，到現在的鎮定，我知道如此小病會伴隨他一生，而每一次的生病，只會讓他的體能更進一步，所以，在懂得發燒能說明孩子完善免疫系統這一點後，我已經從第一次他發燒時的不知所措和緊張痛哭變得淡定很多了。

我從容的將孩子的外套和外褲脫去，只留下一身薄而透氣的衣褲，再脫去腳上的襪子。拿溫度計幫他量體溫，38.5℃不到，這表明寶寶還未發起高燒，所以，我並不用急著給他吃退燒藥。我將毛巾

在開水盆裡煮過，等毛巾冷去後敷到寶寶的額頭上。可能是衣服穿得少，加上冷毛巾的作用，寶寶的溫度慢慢在降低。因為聽醫生說，發燒時給寶寶多喝水，透過排尿有助於降溫，於是，拿來溫開水抱起寶寶餵給他喝，果然，透過兩次尿尿後，寶寶的溫度已到了37.8℃。我一顆懸著的心總算落地。其實，最害怕寶寶高燒抽搐，一旦護理不好，勢必會留下後遺症的。

不過，這次的護理雖然成功，但也跟婆婆發生了一定的爭執，以她的經驗來說，寶寶發燒時，雖然外表燙，但內部是冷的，並認為手腳冰涼就是寶寶內冷的表現，這個時候寶寶最需要的就是一床溫暖的被子，蓋得厚實，寶寶發一身汗，病毒會驅趕出來，感冒發燒自然就會變好。所以，她對我脫去寶寶衣服、鞋、襪，不蓋被子很有意見，並趁我不在時依然用她的棉布捂汗策略。

其實，發汗治感冒也要看情況，如果不發燒，多蓋被子出汗倒也是治療風寒感冒的好方法，但在寶寶發燒時採用此類護理方法，只會讓他的體溫升得更快，甚至可能會出現抽搐抽搐抽風的情況。阿里小朋友第一次發燒就因為我聽了他奶奶的話捂汗，使他原本只有三十七度多的體溫一下升到四十度，嚇得我不得不連夜跑醫院，而醫生採取降溫方式就是吃退燒藥和脫衣服。

孩子發燒生病，這是伴隨每一位媽媽的大事，有時候稍有疏忽，就可能留下終生遺憾。所以，**孩子生病怎麼護理，不是靠經驗或老方法，還是遵從科學醫學的方法最為妥當。**

退燒後的阿里，兩個臉蛋紅撲撲的，但精神狀態不錯，吃了東西後，便又開始玩起他最近最喜歡的一款遊戲——扮演小鴨子，扭屁股。自己在地上蹦蹦跳跳的同時，還拉奶奶也當小鴨子。看著精神狀態良好的孫子，奶奶自然不再堅持她的老一套。

對每一位新媽媽來說，最痛苦的莫過於孩子生病，孩子一有頭痛腦熱，慌了神的媽媽勢必會抱起孩子往醫院跑。實質上，只要孩子打過一次點滴，他們的免疫系統的建立就會變得遲緩，生病的機率也會比不曾打過點滴過的小孩要高得多。只是遺憾的是，媽媽們都是要寶寶生過病，打過針，住過院後才會明白輕易打點滴對孩子的危害。

所以，親愛的新媽媽們，隨時要保持淡定，孩子生病了，如果只是感冒症狀，在家護理就好了，如果實在嚴重再求醫也不晚。求醫時能避免打點滴盡量避免，免得對孩子的免疫力造成不良影響。

孩子發燒也是常見病，脫去厚重衣服，毛巾冷敷，全身溫水擦拭，溫水澡都是降溫的好方法。隨時檢測寶貝的體溫，如果溫度不超過三十九度，盡量不給他用退燒藥較好。

另外，生病時孩子的精神狀態會變得較差，這個時候媽媽除了給孩子營養方面的補給外，也別忘了精神上的撫慰，選擇一款合適的遊戲，逗逗自己的寶貝開心，幫他盡快掃除病痛陰霾比什麼都重要。

1、新媽媽的遊戲小道具

- 新媽媽和小寶寶（有小鴨子服飾或頭飾最好）。

2、新媽媽的遊戲開始啦！

- 媽媽當鴨媽媽，寶寶當小鴨子，鴨媽媽帶領著小鴨子邊走邊發出「嘎嘎嘎……」的叫聲。媽媽的動作可以誇張一點，頭一搖一擺，引起寶寶的興趣，並鼓勵寶寶站起來跟著模仿。

- 媽媽和寶寶扮演小鴨子的時候，用「超級變變變」的方式引導寶寶向左、向右等各個方向行走，以此鍛鍊寶寶的平衡力。
- 玩過幾遍後，可以讓寶寶嘗試扮演鴨媽媽，媽媽則在後面跟著寶寶一扭一扭地行走。
- 在遊戲過程中還可以播放音樂，也可以加入小鴨子的兒歌，媽媽一邊玩可以一邊唱：「有一隻鴨子嘎嘎，來到了河邊嘎嘎，走起那路來搖搖擺擺，叫呀叫嘎嘎。有一隻鴨子嘎嘎，來到了河邊嘎嘎，走起那路來搖搖擺擺，叫呀叫嘎嘎。有一隻鴨子嘎嘎，來到了河邊嘎嘎，走起那路來搖搖擺擺，叫呀叫嘎嘎。」這樣的「插曲」更加能激起寶寶玩的興致。

3、新媽媽新心得

- 寶寶到了一歲左右的時候，應該已經能夠靠扶著東西開始行走了，爸爸媽媽透過這個遊戲主要訓練的就是幫助寶寶放開靠扶物自己行走。
- 遊戲時，剛開始讓寶寶放手行走可能有點難，爸爸媽媽可以讓孩子自己試著走一兩步，這樣做主要是為了訓練寶寶的平衡能力。
- 做遊戲時爸爸媽媽不可離得太遠，這時寶寶走路還不穩，寶寶會害怕，爸爸媽媽離得近了會讓寶寶覺得安全，從而能大膽行走。

新媽媽育兒理論小百科

對於一歲左右的寶寶，訓練寶寶走路是這個階段最重要的一件事情，所以爸爸媽媽可以透過這個遊戲幫助寶寶走路，加強寶寶的腿部肌力，另外這個遊戲對於訓練寶寶身體的協調度也是有一定的幫助的。

14 大家一起做動作

也不知道從哪天開始，阿里小寶突然就迷上了動畫片，只要把電視打開，他就會坐到自己的小板凳上看了好久。大人擋在他面前，他會想方設法避開「障礙」，將視線投到電視螢幕上。

寶貝對動畫片如此癡迷，我看著擔心又著急，可是說來養成他這一惡習的罪魁禍首就是我自己啊！

為了給他做餐點，又不被他打擾，我用動畫片來安撫他；

為了讓他快速進被窩睡覺，我用手機影片引誘他；

為了做自己的事情，免於他搗亂，我用動畫片來束縛他……就在自己洋洋得意、正中下懷時，緊隨其後的就是孩子對動畫片的癡迷帶給他的種種壞處：他盯著電視食不知味的吞著食物；他的眼睛越來越黯淡無光；他突然就從好動變得懶散遲鈍；他討厭一切看書識字、聽音樂與小朋友玩的活動，

只是守住電視，十足上癮的癡迷樣。當我真正意識到這些危害時，他對動畫的癡迷已到了無法改變的地步。

朋友小麗帶著他家豆豆來訪，豆豆一看到阿里，就高興地對他摟摟抱抱，阿里卻是十分彆扭的僵在一旁，隨後就又拉著媽媽的手讓我開電視給他看，我不讓他如願，他便吭吭嘰嘰拿手指電源，指遙控器，指電視，嘟嘟囔囔不消停。

「我看妳還是多帶他出去，少讓他待在家裡較好，電視如果沒必要，還是收起來的好，等過一陣子再拿出來試試。」小麗聽完我對阿里入迷動畫片的苦惱，建議說。

也許每一個孩子壞習慣的養成都源於他媽媽的懶惰和不稱職吧！為了改掉阿里小寶這一壞習慣。每天清晨等他醒來吃過早飯，我便帶著他出去呼吸新鮮空氣，讓他多接觸花花草草；每天跟不同的小朋友一起玩也成了他的必修課。除了颳風下雨天，每天我都帶他外出兩次，上午、下午各一次，跟他講他所看到的人、動物、樹木、建築，讓他在沙土裡玩，跟小朋友一起搶東西，盡力的去培養他的其他愛好。

原來孩子對一件事物的癡迷並沒有大人想像得那麼壞，儘管一開始阿里排斥出去玩，回家還到處翻看找電視，可是隨著時間的推移，眼不見為淨的他慢慢也就忘記了動畫片一事，外出似乎也成了習慣，每天都會定點拿來衣服讓我給他穿上外出。待在家裡的日子，他從一開始的懶散也慢慢變得好動起來，翻看抽屜，拿螺絲起子學爸爸的樣子擰螺絲，搗鼓他的音樂電話，甚至還愛上了牆角那架已經染上不少灰塵的電子琴，每天都會有模有樣的拿手去按琴鍵，對他稍作誇獎，便會高興地大彈特彈起來。

孩子一個壞習慣養成很容易，一個好習慣養成也很容易。時常聽爸媽們抱怨：瞧，別人家的孩子多棒，自家孩子怎麼就那麼不懂事……以前覺得是天性問題，現在看來，天性只佔少數，真正影響孩子的是學齡前他有怎樣的父母和接受了怎樣的教育。

古書上有孟母三遷的故事，說大文學家孟子小的時候，他的母親為了讓他在好的環境中成長，曾三次搬遷，與有文化、有修養的人比鄰而居。可見環境、相處的人對一個孩子成長的影響之大。父母做為孩子的第一任老師，對孩子個性的養成具有啟蒙和塑造的作用，父母如果不能發揮標杆作用，很容易將孩子引入歧途。想來如果我是個愛看肥皂劇、滿口髒話、動輒大呼小叫的人，那麼我的孩子勢必會全盤吸收我這一些缺點，未來他可能也就是這樣一個人了。

基於父母的標杆作用和孩子模仿能力的驚人，最近爸爸計畫要讓阿里「動起來」，從活動手指、腳趾到活動全身，讓他從小養成愛運動，懂養生的好習慣。隨著音樂的響起，阿里爸爸自創的各種音樂操、手指舞、叉腰甩腳活動全面啟動了！

1、新媽媽的遊戲小道具

- 爸爸媽媽和可愛的小寶寶。

2、新媽媽的遊戲開始啦！

• 爸爸媽媽和寶寶準備好，爸爸媽媽邊做動作邊唸兒歌，讓寶寶也做同樣的動作：「請你跟我這樣做，我就跟你這樣做，小手指一指，眼睛在哪裡？眼睛在這裡（用手指眼睛）。」「請你跟我這樣做，我就跟你這樣做，小手摸一摸，鼻子在哪裡？鼻子在這裡（用手摸鼻子）。」「請你跟我這樣做，我就跟你這樣做，小手指一指，耳朵在哪裡？耳朵在這裡（用手指耳朵）。」「請你跟我這樣做，我就跟你這樣做，小手指一指，嘴巴在哪裡？嘴巴在這裡（用手指嘴巴）。」「請你跟我這樣做，我就跟你這樣做，小手指一指，小手在哪裡？小手在這裡（用手搖兩下）。」

• 和寶寶多玩幾次後，寶寶熟悉了這個遊戲，爸爸媽媽只要發號「施令」，便可慢慢地讓寶寶單獨做。

• 除了指五官，爸爸媽媽還可以引導寶寶做各式各樣的動作，豐富遊戲的內容。

3、新媽媽新心得

• 要讓孩子喜愛運動，爸爸媽媽要多動腦筋，最好是全家上陣，全心投入，其樂融融。

• 和寶寶做動作時，爸爸媽媽的動作要輕柔，當寶寶不做動作的時候，切忌生拉硬拽，使寶寶感到不適。

- 寶寶過於緊張、煩躁、情緒不好時，可以暫時不做遊戲，等寶寶安靜時再完成。
- 寶寶的理解能力和模仿能力有限，有些動作可能做得不是很到位，爸爸媽媽一定要耐心不可揠苗助長，引得寶寶厭倦這個遊戲。
- 做為寶寶成長中的重要一環，親子運動非常重要的。在親子運動中，寶寶是活動的主體，爸爸媽媽起指導和引導作用，所以有些動作盡量讓寶寶獨立完成。

新媽媽育兒理論小百科

專家指出，透過親子運動，爸爸媽媽不僅可以增加與寶寶的身體接觸，促進寶寶身心的發展，而且增進了親子之間的情感聯繫，有助於寶寶個性的完善和提升。透過這個互動的平臺，寶寶的社會性關係可以得到進一步發展。

15 玩娃娃 寶貝也是好媽媽

今天晚飯散步回來，原本打算帶阿里小寶上樓睡覺，可是在樓下時，他碰到了對門的小姊姊，於是又很高興地玩起來，我怎麼哄他他都不願回家，眼見著天越來越黑，這個時候老公過來了，帶來兩個小娃娃，一人一個分給兩個小朋友，小阿里這才滿心歡喜地跟著我們回家了。

回到家裡，老公突然逗著小寶貝說：「阿里乖，小娃娃借爸爸玩一會兒好嗎？」說著伸手要去取，只見小寶貝雙手緊緊地護著娃娃就是不給。

「小氣鬼！」老公憐愛地在阿里小寶鼻子上刮了一下。

「看我的，我一定能把娃娃要過來。」我說。

老公很不屑地看了我一眼，並不相信。

我走過去親了親寶寶，溫柔地說：「寶寶乖，娃娃睏了，要洗澡澡，睡覺覺，讓媽媽幫助它好不

好。」寶寶看著娃娃有些遲疑，但只是片刻，他便把娃娃遞給了我。拿到娃娃後，我向老公晃了晃，「跟寶寶要東西也是講求方法的。」我心裡真是得意。

晚上睡覺的時候小寶貝還捨不得放下小娃娃，反而是將它抱得更緊，大有不要媽媽，抱著布娃娃睡覺的嫌疑。我安撫寶寶躺下，讓他摟著布娃娃睡，剛把他安撫好，突然阿里小手一起一落，有模有樣的哄起娃娃來：「嗷嗷嗷，娃娃覺覺，睡覺覺。」十足就像他媽媽我在哄他一樣。

第二天早上寶寶醒了就大聲叫我，我一看，他手裡還拿著小娃娃呢！還沒穿好衣服就一個勁地說：「餓，餓！」我把麵包片給他，哈，小傢伙居然拿著東西讓小娃娃也吃，還毫不客氣的往娃娃嘴裡塞，然後又伸手跟我要，等麵包到手後，他又示意我吃，嘴裡說著：「吃，媽媽吃！」我蹲下來讓阿里小寶餵，心裡甜的跟蜜似的，沒想到小寶貝這麼小就懂得關心人了，真是懂事。

育兒專家曾說，不會關心別人，對寶寶將來的性格發展及人際關係會帶來不利的影響。因此，從小培養寶寶去關心別人是非常重要的。沒想到的是，我只是做了一次小小的示範，小寶貝就領悟了其中的意思，懂得關心他人，雖然他並不知道如何做更好，但至少已經進步了。這真是讓人欣慰。

為了鍛鍊阿里小寶更好的關心他人，我和他玩起了照顧娃娃的遊戲，也許這樣的遊戲能讓他真正懂得什麼是關心，如何關心別人！

1、新媽媽的遊戲小道具

- 寶寶喜歡的一個布娃娃及一些塑膠勺子、碗、杯子等。

2、新媽媽的遊戲開始啦！

- 媽媽拿出事先準備好的一個布娃娃、小床、小被子、杯子、勺子等。遊戲開始的時候，媽媽可以以時間為序設置情境，設置布娃娃的飲食起居。
- 媽媽和寶寶一起照顧娃娃。一開始，媽媽可以問寶寶說：「寶寶，布娃娃餓了，怎麼辦呢？」如果寶寶說出「吃飯」，媽媽就引導他找勺子和碗。如果寶寶不會說，媽媽就引導他說出來，並和寶寶一起找出碗和勺子來。找到碗和勺子媽媽就可以告訴寶寶：「寶寶要給布娃娃餵飯了！」並引導寶寶做餵飯的動作。
- 布娃娃吃過飯後，過一會兒媽媽再問寶寶：「布娃娃口渴了，怎麼辦呢？」同上，媽媽看看寶寶能否說出「喝水」或者去拿出杯子來，如果不行，媽媽需要引導。然後媽媽和寶寶一起做「喝水」這個動作。
- 接下來，媽媽和寶寶還可以給娃娃「穿衣服」、給娃娃「洗澡」、陪娃娃「睡覺」以及給娃娃唱兒歌等。

3、新媽媽新心得

- 這個年齡層的寶寶認知能力比較低，知識經驗少，遊戲時需要爸爸媽媽在認知上給予說明，行動上給予指導。
- 爸爸媽媽和寶寶做這個遊戲時可極力渲染情境性，如「哎呀，布娃娃怎麼哭了呢？」啟發寶寶想問題，然後說：「噢，原來是娃娃餓了，我們來給娃娃餵飯吧。」

• 當寶寶做對的時候，爸爸媽媽一定要表揚寶寶，告訴寶寶並讓寶寶明白他學會關心別人了，爸爸媽媽感到很高興。有時，還可適當的獎勵，久而久之，寶寶的行為就會得到鞏固和發揚。

新媽媽育兒理論小百科

寶寶有泛靈心理，在他眼中布娃娃和人一樣，都有思想和感情。因此，他們常把布娃娃當作人一樣看待，跟它交談，對它愛撫。爸爸媽媽可以利用寶寶的這種思想行為，鼓勵指導他們關心愛護布照顧娃娃。他們對布娃娃有了這種珍愛之情，往往也會對人產生同情、憐愛、關心，是培養寶寶關心別人的很有效的方法之一。

16

你推我推來玩球

為了讓阿里小寶的個性更開朗，像例行公事一樣，每天我都會帶他去外面逛逛。多數時候，我們會去附近的小公園跟一群小寶寶一起玩。儘管小孩子無法像懂事的大孩子一樣玩在一起，但在相互搶玩具，互相分吃食物，相互模仿動作的過程中，至少他們也能懂得一些事情，明白一些道理。

阿里小寶雖然在兩歲以下的寶寶中個頭不是最大的，身形也不是最胖的，但他搶玩具的能力卻最厲害，但凡看到某個寶寶拿的東西好玩又新奇，他必當會全力以赴搶過來，東西一旦得手，他就會快速避開哭鬧著要自己玩具的「受害」小孩，自顧自的在離對方很遠的地方研究起玩具來。如果那孩子也很頑固，追著他要，他就會反應靈敏的再一次跑遠。

如何將玩具還給對方，又不至於讓阿里小寶哭鬧，時常是讓我最頭痛的問題。遇到明事理的父母倒是好說，他們會再給自己的孩子一個玩具以此轉移他的注意力，如此阿里就可以專心玩這個搶來的玩具。只是，有些時候，疼愛孩子的父母、爺奶們才不會聽任自家孩子的東西被人「搶」，他們

瞪大眼睛看著，弄得我時常不好意思，不得不強行從阿里手裡把玩具搶回去還給人家。

其實，說來，這你奪我搶得過程中是有學問的。懂得這點的父母會抓緊時間告知他們的孩子一些道理，比如搶別人玩具是不對的，如果實在喜歡別人的東西，可以向對方禮貌的借，這個時候，做為父母會以身試法，拿出柔和的聲音跟有玩具的小朋友說：「小朋友，你好，我們家寶寶很喜歡你的玩具，你可以借給他玩嗎？」隨即把自己寶寶往前一推說：「趕緊謝謝哥哥。」

不過，對於這樣的需求，對面小孩時常是不會給面子的。他會將自己的玩具往身後一藏，一個「不」字表明他的立場。這個時候，自然需要一個善良的家長出現，對他們家寶寶說：「這個玩具借給小朋友好不好，媽媽再給你一個更好的。」或者說「跟小朋友換玩具玩好不好？」如此，想要對方玩具的寶寶也許需求才可能會得到滿足。假如對方的家長不出聲，要不到玩具的媽媽只能抱著哭鬧的孩子快然離開了，否則怎麼辦？當然不能硬搶啊！

所以，在這樣的對話中，孩子會慢慢明白一些道理，別人的東西不是硬搶就能搶得，對方不給你，你只能放棄；對方給你，也只是借給你，這東西依然不屬於你。對方跟你交換玩具玩，說明天底下沒有白吃的午餐，要想得到一件東西，就得捨得自己手裡的……

看，帶孩子是有很多學問的吧！時常聽一些媽媽說，我不知道怎麼教育我的孩子，不知道如何把一些道理灌輸給他，實質上，我們不需要刻意這麼做的。**孩子每天所經歷的每一件事情中都存在著學問**，當搶玩具、搶食物、摔倒等等這樣的事情發生時，我們只需把正確的處理方法表現給他看就好了，只要父母處理得當，孩子耳濡目染，久而久之他們就明白這件事如何處理才是對的。

跟阿里小寶一般的小孩中，有一個叫果子的小女孩，每次這個孩子跟小朋友搶玩具時，她的奶奶就會衝過來，一把抓起她抱到別處，嘴裡大喊，那是別人的東西，不能搶。久而久之後，孩子就變得有些自私了，每次她手裡有玩具時，她都會握得緊緊的，其他小朋友要時，她會暴怒的大喊：「走開，這是我的。」她還喜歡打人，只要有哪個小朋友靠近她的玩具，她就會狠狠地在對方臉上打上一巴掌，有時甚至可能會抓破對方的臉。

我以為打人是天性使然，後來我才發現，原來她的奶奶喜歡揍她，只要她不聽話，就會拿手指戳她的額頭，或者乾脆一巴掌就打在頭上。不明事理的孩子怎麼知道打人不對，在奶奶的薰陶下，她便知道了打人似乎就是發洩不滿的手段。所以，但凡有惹她不高興的小朋友，她動手就要打了。

所以，媽媽們，妳的孩子看著呢！妳的一言一行都將影響他的終生。**不管我們自己是怎樣一個人，在孩子面前還是把最好的一面表現出來吧！**

1、新媽媽的遊戲小道具

- 乒乓球、小皮球（這類球體積小，份量輕，適合於寶寶小手抓握，而且即使寶寶把球隨意亂扔，也不會砸壞東西，再加上聲音不會太大，也不會影響鄰居，相對比較安全）。

2、新媽媽的遊戲開始啦！

- 讓寶寶面對牆不遠處坐下，媽媽放一個皮球在寶寶面前，教寶寶先練習在原地用小手或腳滾動球，等寶寶熟練了以後，媽媽再教寶寶用手或腳把球對著牆撥出去，並盡可能用手或腳接住反彈回來的球。

• 媽媽先示範如何用四指配合拇指轉動球，然後引導寶寶也完成這個動作。也可以讓寶寶模仿媽媽嘗試用兩隻手配合轉動球。

• 媽媽和寶寶相距兩公尺左右面對面坐在地上，雙腿分開。然後和寶寶互相對滾球。在遊戲過程中，媽媽可以配合球的滾動增加一些「音響效果」，如球滾動時發出「隆隆隆」的聲音，增強遊戲的興趣。

• 媽媽雙手握住寶寶的腋下，提起寶寶，讓他雙腳離地，然後輕輕地向前搖晃寶寶的雙腿，使寶寶的腳能夠「踢」到球。

3、新媽媽新心得

• 道具選擇最好不要用較小的玻璃珠，寶寶容易誤食，發生危險。

• 選擇一款寶寶最喜歡的球類，並教會他用各種不同的方法去玩，在享受遊戲帶來的樂趣的同時，也不要忘記啟迪寶寶從玩中學會判斷球的滾動方向。

• 球類遊戲其中的變化讓寶寶入迷，寶寶可以參與到這個遊戲中，可以用自己的力量對球施加影響，產生作用，並且球也會因此而做出各式各樣的反應，這個過程中既鍛鍊了寶寶的操作動手能力、手眼配合能力，也鍛鍊了寶寶的動腦能力，這些遊戲對寶寶來說的確很有趣也很有益。

新媽媽育兒理論小百科

球類遊戲是古老的兒童遊戲，它不但可以訓練寶寶的四肢力量，還可以訓練寶寶用手控制方向的能力，提高寶寶的手眼協調性，增強寶寶的反應能力。球的反彈特性，使寶寶對事物運動方向的改變產生思考和認識，提高了寶寶預測運動方向的能力。

17 伸腿舉手大家來做操

阿里小寶一歲九個月了，走得越來越穩，甚至可以邁開步子穩穩當當地跑起來。他學著學習機裡的小孩唱歌，雖然語言能力發展緩慢的他，唱得不是很好，可是他那搖頭晃腦的模樣足以惹得父母開心不已。

最近他又交了新的夥伴，一個叫潼潼，一個叫樂樂。兩個寶寶都比他小三個月。儘管三個孩子在一起最大的樂趣就是搶玩具，但偶然的機會，在阿里的帶動下，他們也會玩捉迷藏的遊戲。瞧，阿里站在桌子一邊，隔著兩盆花，先在左邊探出頭，再在右邊探出，站在對面的樂樂，一開始不知道對方何意，但很快他就知道怎麼回事了，阿里頭在左，他往左邁步找，阿里往右，他趕緊也往右，如此，兩個孩子越玩越高興，到最後非得拉著各自的媽媽參與其中。

阿里小寶向來胃口不好，自從結識了兩個新夥伴後，就大有長進了。這還得從潼潼愛吃飯說起。潼潼是那種只要是食物都會不停往嘴裡塞，胃口超級好的小孩。每次我們三個媽媽聚到一起，三個

孩子的午飯就會放在一起吃。潼潼胃口好，這兒一口，那兒一口，很快不但會吃光自己的那一份，附帶也會把其他兩個小寶的東西吃掉一些。

儘管阿里小寶跟樂樂吃飯不怎麼靈敏，但也不允許別人拿走自己的。護食心切的兩人自然就會迫於壓力多吃一些，加上潼潼大口吃飯的帶動，兩個孩子的胃口慢慢也變得好起來。所以，現在阿里吃飯時，只要說「你不吃飯，潼潼會吃掉哦！」這樣的話，小傢伙就會很聽話的張大嘴，省心很多。

接近兩歲的阿里小寶，慢慢已經掌握了用勺子的技巧，也會翻書看圖，嘴裡唸媽媽教過的數字「5、8、9、10、1」，看到一張寫有文字的紙張，他會有模有樣地唸起來，儘管妳始終不知道他唸了什麼。他會在寫字板上亂畫，告訴媽媽那是「小魚」、「狗狗」……儘管沒有這兩樣動物的一丁點影子，可是還是讓我很驚喜。

阿里小寶做這一切的時候，潼潼和樂樂就在旁邊看著，不過安靜很快就被打破，三個孩子扭成一團，相互爭搶起來，一旦被樂樂或潼潼搶到，他們就會像阿里小寶一樣唸字，或者亂塗亂畫。

看著三個孩子相互玩樂打鬧或爭搶，做為母親的我們也是樂在其中。

不過，正如老人們常說的那樣，**小孩子更喜歡跟比他大一些的孩子玩**。確實，相較跟樂樂、潼潼，阿里更喜歡跟小表哥一起玩，表哥做什麼他就做什麼，儼然對方就是自己的老大一般。

最近，小表哥從幼稚園學了一套伸腿舉手的健康操，很顯擺的在阿里小寶面前扭扭跳跳，阿里小寶看得出神，不時拍著小手做出喜歡得不得了的表情，幾次觀察下來，晚上，他竟然就有模有樣的在我和老公面前表演開了。如果換作我來教他，都不知道要幾天他才能掌握要領呢！可見一個大哥哥對小朋友的影響有多大。

所以，媽媽們在結交同齡孩子的媽媽相互分享育兒經的同時，不妨也給自己的寶寶找一兩個大一些的孩子做朋友，這個已經會唱歌、會畫畫、會跳舞、會把話說得很流暢的哥哥，一定能把妳家的寶寶帶動得好，善於模仿別人的小寶們，一定會在最短的時間內，把哥哥會的東西全盤掌握了。

1、新媽媽的遊戲小道具

- 小寶貝的小手、小腳及整個身體和爸爸媽媽溫暖有力的大手。

2、新媽媽的遊戲開始啦！

- 做操前爸爸媽媽要做好準備工作，室內空氣新鮮，將寶寶放在稍硬的平面上，如硬板床和桌子上，上面舖好墊子，給寶寶全身按摩，好讓寶寶能活動開。
- 手屈伸運動：媽媽做示範，伸出手臂慢慢伸直、彎曲運動，左手一次，右手一次，然後雙臂同時三次，等寶寶明白了後，引導寶寶做這個動作，如果寶寶做得不到位，媽媽可以適當地幫助糾正。
- 腳屈伸運動：媽媽同上先做示範，然後引導寶寶整個腿伸直、彎曲，左腿一次，右腿一次，然後雙腿同時三次。
- 仰臥起身運動：做這個動作時，媽媽不需要示範，雙手分別抓住寶寶兩肘輕輕提起上身，等寶寶習慣後可進而將寶寶拉成坐勢，如寶寶想要站起來，可輕輕拉著站下。
- 側臥運動：開始時有的寶寶可能不願意側臥，可在做仰臥運動後讓他側臥，然後再翻回去，左右兩邊輪流做。

- 俯臥運動：做完仰臥、側臥運動後讓寶寶俯臥一下，有的胖寶寶不願意，這時就需要媽媽們的耐心引導了。

3、新媽媽新心得

- 做操要在寶寶吃完飯後一小時和吃前半小時進行，每日一次。
- 做操時可伴有或不伴有音樂，要使寶寶在輕鬆愉快的情緒中完成體操。
- 媽媽動作要輕柔，切忌生拉硬拽，使寶寶感到不適。如進行中寶寶過於緊張、煩躁，可暫時緩做，等寶寶安靜時再完成。
- 多做這些動作，會讓寶寶肌肉發達，進而能自由翻身。透過鍛鍊的寶寶翻身、抓、握、爬、坐等各種動作的發展，都比沒有進行過體操鍛鍊的要早一些。

新媽媽育兒理論小百科

透過一些被動和主動運動，不僅可以促進寶寶體格的生長發育，使其大腦、神經系統、肌肉等發育，還可以幫助和促進寶寶動作的發展。

另外，保健操是母嬰之間交流的方式之一，可以建立良好的親子關係。

18 拉大鋸，扯大鋸 阿媽家去不去

帶阿里小寶去朋友家玩，朋友家有一個高約半米的電視櫃，因為櫃子是大紅色的，不知道是不是受這鮮亮顏色的影響，阿里小寶一進門就趴在這張桌子上不願離開，後來索性爬到櫃子上，來來回回走，弄得我很難堪。朋友倒是大度，不介意阿里小寶在他們家昂貴的紅漆木櫃子上走動。雖然我花了很多工夫告知他這麼做很不禮貌，可是越是跟他講道理，阿里小寶越是跟我作對，最後，我只能繳械投降。

就在我跟朋友閒聊，任由阿里小寶自己玩時，他又很不安分地藉助電視櫃爬到了旁邊一個更高的櫃子，一米多高的櫃子，他搖搖晃晃地站起來，那場景嚇得我幾乎失語。我告知他那裡危險，並將他強行抱下來，可是腳一落地，他就哇哇大哭起來，並掙脫我的手再一次爬上電視櫃然後再往那個更高的櫃子爬上。

阿里小寶向來脾氣倔強，他要做的事情如果不讓他做，他會鬧個沒完，除非讓他稱心如意。所以，

不得已，我只能將他抱上櫃子，讓他過過癮。很快我發現，他爬這麼高是有目的的。原來，朋友在牆與天花板交接的地方掛了一串漂亮的鈴鐺飾物，他爬高就是衝著那些鈴鐺去的。

站在櫃子上的阿里小寶，先是踮起腳尖伸手搆鈴鐺，幾次嘗試未能如願後，他開始小腳蹬在牆面上，手掰住牆壁突出一角，努力往上爬，這次的嘗試依然以失敗告終，然後他又從桌子上爬下來，到處找。就在我跟朋友不明就裡時，他拿起地上的一個小凳子，爬上電視櫃，再爬上高櫃子，把凳子擺好，然後俐落地踩上去繼續抓取鈴鐺。結果依然是嘗試多次失敗，直到這時，他才看向我，跟我求助。

他的一系列行為看得我目瞪口呆，我從沒有教過他借物爬高，更沒有跟他說過拿東西要自己想方法，可是從他的一系列嘗試來看，他已經學會了如何依靠自己的能力得到一樣東西，實在得不到時才會求助媽媽。也許一切都是孩子對大人行為的耳濡目染吧！

時常聽到一些大人對孩子喝斥：「不要這麼做，不要那麼做。」孩子不聽話就強行制止，甚至施予暴力。想不到，孩子他們所做的在大人眼裡錯誤的事情，有時候是有他們自己的道理的。

就如兒子爬櫃子，我以為他只是為了爬高而爬高，因為害怕他摔下來，所以嚴厲制止。實質上，他爬高是為了得到某個東西，而他在得到某個東西時也學著思考獲得方法，假如我將他強行拉下，無論他怎麼鬧騰也不讓他再爬高，那麼，我就不會知道他爬高的真正目的，也不會看到孩子為得到這個東西做出的努力，那我是不是就謀殺了孩子嘗試得到某個東西的能力呢？因為我的錯誤，以後即便輕易能得到的東西，他是不是也不願再嘗試了呢？

我的專家朋友說，很多媽媽覺得培養孩子是一件非常複雜又痛苦的事情。實質上，**無論何種情況**，

只要媽媽保持著一顆耐心，溫柔對待孩子，並對他的各種行為報以理解的態度時，那麼教育孩子不但會變成一件容易的事情，也會變成一件成功的事情。

也許，對待頑皮又叛逆的孩子，媽媽們失去耐心也是常事，我自己也是經常如此。但是，自爬櫃子這件事情後，我都會給阿里小寶足夠的時間，讓他把自己的「能力」充分展現出來。等我知道孩子叛逆是另有目的時，我便不再生氣了。加入阿里完全是因為淘氣在做一件事情，我便用遊戲來引導他，比如他非要把牆上壁紙撕下來時，我會跟他說：「兒子跟媽媽做個遊戲吧！如果你贏了，我同意你撕壁紙，如果你輸了就要乖乖聽話哦！」此話一出，阿里竟停止了手裡動作，乖乖配合我來玩遊戲。等遊戲結束時，他早已忘記了撕壁紙這一事。

「拉大鋸，扯大鋸，阿媽家去不去」，這是我制伏阿里小寶淘氣的常用遊戲，幾乎屢試不爽的讓阿里小寶停止了手裡的淘氣動作，各位新媽媽如果拿自己的孩子實在沒辦法，不妨一試。

1、新媽媽的遊戲小道具

- 爸爸媽媽的大手，寶寶的小手，板凳或是可坐的地方。

2、新媽媽的遊戲開始啦！

- 讓寶寶坐在媽媽膝蓋上。
- 媽媽雙手拉住寶寶的雙手，往前往後拉，兩人一俯一仰，一來一往即為兩人對拉大鋸，一邊拉媽媽一邊唱：「拉大鋸，扯大鋸，阿媽家唱大戲，叫閨女，請女婿，小外孫子也要去，背著也不去，抱著也不去，嘰裡咕嚕滾著去。」

- 還可以嘗試先讓寶寶仰臥，媽媽或爸爸握住寶寶的兩隻手腕，配合著兒歌，慢慢把寶寶從仰臥位拉起成坐位，然後再輕輕把寶寶放下恢復成仰臥位。
- 可以兩個孩子一起做，也可以一個大人帶著孩子做。兩個孩子一起玩時，兩人對坐，兩腿伸直、腳掌相抵、手指互勾，手互拉，然後甲俯乙仰，爸爸媽媽則在旁邊唱兒歌。

3、新媽媽新心得

- 俯仰盡可能低，仰臥起來時，寶寶腳不能離地面。
- 這個遊戲每天可玩一到兩次，每次最好在三到五分鐘。
- 玩的時候要注意，媽媽或爸爸中的一人最好在寶寶身後進行必要的保護。
- 寶寶不怎麼會玩的時候爸爸媽媽千萬不能揠苗助長，以免拉傷寶寶。

新媽媽育兒理論小百科

「拉大鋸」這一遊戲則是鍛鍊寶寶手臂和胸部肌肉力量的最好方式，而反覆讓寶寶做坐起和躺下的動作，也可使寶寶的頸背肌和腹肌得到鍛鍊。讓小寶貝和其他小寶寶一起玩的時候可以讓寶寶在與同伴遊戲的過程中接納同伴，並學會與同伴合作。

19

哞哞叫 小牛小牛比一比

阿里小寶躺在床上自己樂，每隔幾秒鐘就咯咯咯的笑出聲來，惹得我不得不前去查明究竟。仔細一瞧，原來小傢伙自己摸著肚肚，咯吱自己呢！

「咯吱咯吱咯吱！」我湊熱鬧，用兩根指頭在他肚肚上抓癢。寶寶一下就笑得煞不住車了。我停手，他又嚷著讓我撓，反反覆覆，樂此不疲。

第二天一早，我正跪在地上擦地板，阿里小寶醒來第一個動作竟然是在我後背露出來的肌膚上撓癢，一邊抓，一邊「咯吱咯吱」的喊，學習能力驚人。

阿里小寶記憶力雖然很好，可是發音不太準確，瞧，現在拿著圖畫書的他，就把番茄唸成「稀糊糊」；把胡蘿蔔唸成「胡伯伯」；把紫甘藍唸「紫甘甘」。更好玩的是，一看到飛機他就大聲的喊「P」

機，並做出「Ｐ」機飛來了的動作。

我帶他去遊樂場，他就丟下媽媽，自己跑一邊玩去了，這裡看看，那裡瞅瞅，那樣子好像不是來玩的，倒像是做研究的。

相較以往，阿里小寶更聽話了，會舉起雙手讓媽媽脫衣服，穿鞋子時也會把腳自覺地伸過來。為了培養他的選擇能力，我會把不同的衣服放一起，讓他選擇哪一件？鞋子、襪子都是。從一開始拿起這個扔了那個到現在，阿里小寶能明確知道自己要穿什麼、戴什麼。如果我自作主張選擇我喜歡的，他會強烈反抗，直至我拿起他喜歡的幫他穿上為止。

阿里小寶拿著紙貼在嘴唇上扮演白鬍子老公公，我跟他說上面有油墨，吃進去對身體不好，他完全充耳不聞。他喜歡別人誇他，說他跳舞跳得好，他就會跳得更賣力，說他吃得棒，他會吃得更多，說他唸書唸得好，他會哇哇哇唸個不停。如果他做一件事情，不誇他，阻止他，他越是會和你作對。這讓我時常覺得，孩子的心思真難琢磨。

阿里爸爸很少誇阿里小寶，偶然對他做一次誇獎，阿里小寶就高興得不得了。比如跳舞這件事媽媽誇他他不覺得那是誇，爸爸誇了一次，但凡下次音樂響起，阿里跳舞一定會到爸爸面前去跳，完全無視媽媽的存在，爸爸誇他跳得好，他才肯甘休。

最近阿里小寶又迷上了一款「小牛頂角」的遊戲，我想跟他玩，他卻表現得沒什麼興趣，晚上老公下班回家，他便飛奔過去，先是用自己的頭頂頂爸爸的腿，等老公抱起他，他便抱著老公的脖子，額頭頂向老公的額頭，一邊頂一邊不忘發出「哞哞」的牛叫聲，真是憨態可掬。看得一旁的媽媽我是哭笑不得。

我想，每個孩子就像一本耐讀的圖書，只有用心的爸媽才能品嚐到最獨具特色的內容吧！

1、新媽媽的遊戲小道具

- 爸爸媽媽和小寶貝聰明的大腦。

2、新媽媽的遊戲開始啦！

- 讓寶寶和媽媽面對面坐好，媽媽剛開始可以先用自己的頭碰碰小寶貝的頭，然後學著牛「哞哞」叫，讓寶寶明白當妳一學牛叫的時候便是要和他玩這個遊戲。
- 在和寶寶頂頭的時候，媽媽可以唱這首兒歌增加趣味：「小牛搖搖尾，煩惱全跑掉。小牛跺跺蹄，快樂來抱抱。小牛笑一笑，生活更美好。」
- 做這個遊戲的時候還可以以比賽的形式進行，就是和寶寶比一比誰的力氣大，媽媽一會兒輸一會兒贏，充分調動起寶寶的興趣。
- 除了和爸爸媽媽頂頭，還可以讓寶寶和他喜歡的玩偶頂頭，增加遊戲的趣味性。

3、新媽媽新心得

- 和寶寶玩這個「頂頂頭」的遊戲時，爸爸媽媽說的時候一定要略帶可愛的語氣，並且要主動伸出腦袋迎戰，小傢伙就會很 Happy 的過來頂了，而且越頂越來勁。

- 做這個比賽遊戲的時候媽媽要輸贏得當，不能一味地輸也不能一味地贏，這樣才有趣味，才能吸引寶寶。

新媽媽育兒理論小百科

寶寶時時刻刻都需要爸爸媽媽真實的關懷，爸爸媽媽可以用自己特殊的方式與寶寶交流，比如哼哼、頂頭、倒立、互相打鬥等都是寶寶最需要的，這些可以非常好地增進彼此的親子感情。

20 杯子，杯子 玩具在哪裡？

這段時間不知道怎麼回事，小麗老找我抱怨她家兒子的「斑斑劣跡」。小麗說：「最近，我發現寶寶新增了一個毛病，那就是愛藏東西，經常把小球、蘋果什麼的藏到沙發下或被子裡。有時候，還把老公的錢包、我的辦公室鑰匙藏起來，害得我們找不到。」

一開始還想，那麼小的孩子，怎麼學會藏東西了呢？有天去他們家，算是親自體驗到了。那天，我戴了一副很可愛的手套去小麗家，只是臨走時怎麼也找不到了，我依稀記得他家小寶好像看了一眼我的手套，但並沒有見他拿走，怎麼就不翼而飛了呢？

「他的手快得很，一不留心，我的眼鏡就被他大卸八塊了。說不定就是他藏起來的，明天我大掃除，我幫妳找找。」小麗見我手套不見了，抱歉的說。

隔天，小麗便一早打來電話，說是手套在廚房的櫃子裡找到了。小麗語氣焦急，大呼怎麼辦呢？孩子這麼小，就養成不好的壞習慣，以後還怎麼得了。

小麗的一番訴苦讓我產生了探究一番的念頭，我知道一週歲大的小寶寶記憶力還未建立起來，所以，即便他們聽懂別人跟他們要什麼東西，卻無法引導別人找到他們藏起來的東西。**他們藏起東西也不是故意，只是他們將東西順手放在一個地方後，就徹底忘記了，此後無論妳怎麼提示，他們也是想不起來的。**

繼續查找資料，我便發現了一個非常有趣的實驗，這個經典實驗早在五十年前被一位叫皮亞傑兒童心理學大師所做，研究對象是他自己的女兒，其中一個很著名的實驗叫「A非B錯誤」，專門是針對一歲寶寶身上的一個有趣的現象。當著寶寶的面如果媽媽將玩具藏在兩塊相同的蓋布A和B的一塊下面，例如藏在A之下，寶寶會伸手掀開A找出玩具，重複一次寶寶仍然能從A中找到玩具；然後媽媽再當著寶寶的面將該玩具藏在B之下，結果寶寶繼續到A之下去尋找那個玩具。皮亞傑將這種現象稱為「A非B錯誤」。它說明此時的寶寶對客體存在的認知，還依存於他對客體所做出的動作之中。

抱著好奇的心理，我也想一試真偽。將寶寶放在爬行墊上，然後拿兩個杯子蓋住寶寶最喜歡的小布偶，結果發現寶寶總是在一個杯子底下找小布偶，還真驗證了「A非B錯誤」理論。沒想到小寶寶居然「笨」得這麼可愛，真是逗死我了。

於是，打電話告訴小麗，沒必要驚慌失措，每個孩子每個階段表現出來的動作是不同的。隨著他們的長大，在父母的正確引導下，他們自然就明白了自己所做的事情哪些正確，哪些錯誤。

那麼，新媽媽們妳們是否也準備好了設計一個類似的「躲貓貓」遊戲和小寶寶一起玩呢？

1、新媽媽的遊戲小道具

- 兩個乾淨的一模一樣的杯子和寶寶喜歡的一個小玩具。

2、新媽媽的遊戲開始啦！

- 媽媽拿來事先準備好的兩個一模一樣的杯子，用其中的一個扣在寶寶喜歡的小玩具上，另外一個扣在旁邊。這個過程一直讓寶寶看著，然後讓他掀開杯子找玩具。
- 當寶寶找到玩具時，媽媽可以把玩具再一次藏在另一個杯子裡讓寶寶尋找，並引導寶寶找到。
- 接下來，遊戲變難了：媽媽把小玩具扣在一個杯子底下，然後交換兩個杯子的位置，然後再讓寶寶來選。儘管寶寶一直看著整個過程，但是他依然會選擇一開始扣著玩具的那邊。顯然，這次他沒有找到玩具，又搞不懂發生了什麼事，一臉的茫然，這時媽媽可以指一指另外一個杯子，指引寶寶找到玩具，雖然寶寶有點疑惑，但他掀開了媽媽指的那個杯子，得到了心愛的玩具，也會非常高興。

3、新媽媽新心得

- 這個小遊戲對這個年齡的寶寶來說可謂易如反掌，他已經瞭解了事物永恆存在的特徵，已經可以找到隱藏的物體。所以寶寶很輕鬆就拿對了杯子，找到了小玩具。

- 處於這一時期的寶寶，尋找物體依然會犯一種所謂的「AB式錯誤」，就是說媽媽當著寶寶的面，將玩具藏到A處，然後再將玩具拿出來，藏到B處，這個時候寶寶只會到A處去找，而不會到B處找，因此遊戲變難時，需要媽媽的指導。
- 玩這個遊戲的時候不能長時間讓寶寶找不到玩具，要不然寶寶會厭倦的，因此需要媽媽適當的引導，即時找到玩具。

新媽媽育兒理論小百科

「躲貓貓」這種寶寶能夠透過推開遮擋物去拿藏在後面的玩具的行為，是寶寶最早的智力行為，為今後進一步學習解決問題奠定了基礎。

第三章

一～二歲寶貝遊戲

家庭成員動起來

21

小火車開呀開

時間過得真快，一轉眼的工夫，阿里小寶已經兩歲了，個頭迅速竄高，夏天剛剛穿過的小背心，到了冬天已經小得不能穿了，每次我拿起他的衣服，可惜這九成新的衣服只能壓箱底時，他倒是很認真的一件一件拿起來看，有心儀的便會往身上套，一番折騰未果後，便拿出他的哭腔要求我幫他穿。

我有些驚訝，從什麼時候開始，只是飯來張口、衣來伸手的小傢伙有了自己的想法呢？吃餅乾只吃夾心的草莓奶油，穿鞋只挑好看的，吃飯一丁點菜都會吐出來，不喜歡番茄味，逛街無論樓層多熱，都會戴著曾被人誇好看的帽子，但凡是自己不喜歡的遊戲，父母再三討好說教也沒用，看自己喜歡的電視節目，如果中間被人關掉，哭天喊地也一定要打開看完才好……

記得懷孕那會兒，已為人母的好友說：「看著自己的肚子一天天長大，小傢伙在不同的部位踢來踢去是不是特別幸福？等著吧！等他來到這個世界上，妳守著他，看著他一天天成長，這個過程中的幸福才會讓妳驚喜呢！」真正是被她言中了。

傍晚來臨時，下班回來的爸爸躺在床上休息，阿里小寶跑了過去，輕而易舉爬到床上，對著爸爸的臉一番火星語加國語的慰問後，再縱身一躍騎到爸爸背後，一邊發出「嗚嗚嗚」的音，一邊拍著爸爸的背讓他當火車。敢情剛才的那番話是糖衣炮彈呢！

更好玩的是，他跟爸爸一起學字母，「這是A，這是B，這是C……」爸爸一遍一遍教他，幾輪下來後，爸爸開始出題考試。

「兒子，這是什麼？」爸爸指著F問。寶寶很快告訴他那是「F」。爸爸驚喜不已，再考「H」。兒子也回答得很好。

「這個是什麼？」爸爸指著第一個字母問。看著字母「A」良久，兒子小聲的說是「6」。爸爸告訴他不對，然後又教他數遍，接著再考。

「兒子，這個唸什麼？」爸爸繼續指著「A」問。可惜，阿里依然回答不出來。爸爸小聲罵了一句「小笨蛋」，然後接著再教他。

「兒子，這個唸什麼？」爸爸耐心不滅再考一次。兒子看了又看，再看向爸爸，接著又看向那個，字母，最後大聲說道：「笨蛋笨蛋笨蛋！」隨後，丟下愕然不已的爸爸，自己跑一邊去玩自己的玩具火車了，在一旁觀戰的我，笑得不能自己。

我有個朋友，他的孩子一歲九個月時，已經掌握了將近三百個漢字，連簡單的幾個字母都認不全的阿里小寶，跟對方簡直沒有可比性。這其實也是我跟他爸爸的疏忽，有專家指出，**孩子的學習能力能不能更早培養，關鍵看父母有沒有學習的習慣**，如果父母一有時間只是看著電視，玩著手機，孩子在看書識字方面也不會有所長進。實質上，時至今日，我跟他的爸爸就是喜歡看電視、玩手機勝過看書的一類。看來，要想讓阿里小寶在學習方面有所進步，做為父母我們還得改掉自己的一些陋習不可。

於是，我順手拿起一本雜誌裝模作樣的看起來，桌子上扔了一本買給阿里小寶的童話書，想著受我影響，阿里小寶也能拾本讀起。可惜，小傢伙視而不見，「嗚嗚嗚」拿著玩具火車滿屋子跑，不時從媽媽身上擦過，大概是學著他爸爸的樣子把我的後背當成了爬坡。看著他在遊戲裡快樂不已，老公早已忘了兒子罵他「笨蛋」這一事，拿起一隻玩具跟小傢伙比賽去了。

1、新媽媽的遊戲小道具

- 粉筆，紅綠燈各一盞，木牌兩個（寫上兩個車站的名稱），小喇叭一個。

2、新媽媽的遊戲開始啦！

- 遊戲開始前，媽媽在平坦的場地上，用粉筆劃一條十幾公尺長的軌道，並在車道的兩端設置兩個車站，命好車站名，比如一個車站是「桃園站」，一個車站是「台北站」。
- 爸爸媽媽一前一後當火車頭和火車尾，寶寶在中間，「火車頭」舉起綠燈，並發出「開車」的喇叭聲，這時爸爸媽媽領導寶寶唸兒歌並配上動作：「啰嚓啰嚓（雙臂自然垂向身體兩側，兩手向前身，做火車輪滾動的動作），火車開啦（右手握拳，用力往上舉，表示火車出發了）！卡嚓卡嚓（動作同上），小羊咩咩咩（兩手放在頭頂兩側，做羊角），我要去桃園（右手往上揮，並在空中高興的揮手），啦啦啦啦啦（同上）！」

- 當「火車」到站時，「火車頭」舉紅燈，發停車訊號。這時，大家兩臂放下（表示下車）一齊唸兒歌：「我們都是好兒童，開著火車去桃園……」
- 唸完兒歌，沿著軌道再把火車往回開。
- 這個遊戲爸爸媽媽也可以讓寶寶和其他小朋友一起玩。

3、新媽媽新心得

- 遊戲中一定要教會寶寶懂規矩，當「開車」的喇叭吹響，舉起綠燈後才能開車，當寶寶做正確時，遵守「交通規則」好，爸爸媽媽一定要表揚寶寶。
- 這種遊戲由於要做到口、耳、心並用，因此能讓寶寶注意力高度集中，同時也鍛鍊了寶寶反應能力，而且這種遊戲氣氛活躍，能調動人的積極性，寶寶玩起來，樂此不疲。
- 這個遊戲很適合一家三口玩，平時和寶寶相處的時間少，我們很害怕寶寶對爸爸媽媽會產生陌生感，所以用這個遊戲陪寶寶玩，逗寶寶開心，可以讓他知道，爸爸媽媽是很愛他的，從而增進彼此感情。
- 兩歲的寶寶進入了口語發展的最佳階段，在情感上也發生了巨大變化，希望與人交往，希望有小夥伴，卻又很難玩在一塊，這個遊戲可以很好地讓小寶貝與其他小朋友很好地玩在一起。

新媽媽育兒理論小百科

開火車的遊戲可鍛鍊寶寶的身體協調能力，促進手臂大肌肉動作的發展；培養寶寶的合作意識，促進寶寶適應能力的發展，增強親子間的感情。

22

「小彈簧」，變變變

早上帶著阿里小寶去公園透透氣，原本吃過早餐的他，看到別家小孩在吃小籠包饞得不行，眼巴巴望著對方，甚至幾次蠢蠢欲動，想要從對方小朋友手裡搶來吃。我抱他走開時，他竟然十分不滿的蹬著腿哭起來，在我承諾馬上回家給他做後，他才算安靜下來。

自從有了阿里小寶後，原本廚藝不佳的我，為求給他做最好的東西吃，生生把自己磨練的跟個廚師一般，所以做包子這種複雜工作對我來說也是小事一樁。

我和麵時，阿里小寶也過來湊熱鬧，我一邊揉麵糰，一邊告之他我所做的工作。模仿能力超強的阿里小寶，便鬧騰著將我的手從麵盆裡拿開，自己有模有樣的揉起麵糰來。為了把和麵的權利搶奪回來，我用玩具、動畫片、各種餅乾來誘惑他，可惜執著於和麵這件事的阿里小寶對這些誘惑視而不見。最終，我只能敗下陣來，任憑他去了。

不多時，阿里小寶拿起他的成果給我看，兩個麵球，一大一小。我很驚訝的問他哪個大？哪個小？

阿里竟不自覺的拿起左手，放下又舉起右手，原來他把左右和大小弄混了。

晚上，老公下班回家，給他帶了一包薯條，阿里小寶很高興的吃起來，因為是一小包，很快他就吃得精光，然後抓著爸爸的衣襬，毫不講理的讓爸爸再拿一包薯條出來，不得已我們只能帶著他去附近的速食店吃晚飯。

一進門，已經把薯條之事忘之九霄雲外的阿里小寶，一看到畫冊上的冰淇淋吵著要吃，爸爸當然滿足了他的心願，只是兒子剛吃了幾口，就把冰淇淋丟在了桌上。向來主張節儉的老公，自然不願意浪費糧食，拿起冰淇淋往嘴裡送，只是奇怪的是，阿里小寶自己不吃，也不願意讓爸爸吃，硬是要將冰淇淋就扔在桌子上。

晚飯結束後，帶著阿里小寶回家，幾乎快到家門時，阿里小寶突然看到爸爸手裡拿著那杯冰淇淋，居然很不高興，非得送回去，還非得送三人坐過的那個桌子上不可，無論跟他說什麼都不聽，爸爸問他這麼做的原因，他也說不上來，就是吵著要把冰淇淋放回去。

最後，爸爸跟他玩起魔術，把冰淇淋從左手換到右手，然後跟他說冰淇淋自己飛了，阿里不信，掰開爸爸的左手查看，發現確實不在後，這才死心。老公卻是心血來潮，又故意伸出右手，說是冰淇淋飛回來了。然後又玩變沒了的把戲。此時此刻的阿里竟然被爸爸的「神奇」魔術吸引，再也不提送冰淇淋回去的事了。

有人曾告知我，**兩歲後，孩子的叛逆會達到一個高峰**，看來，阿里以上種種大概就是叛逆的表現了。

對爸爸媽媽而言，昨天還是襁褓之嬰的乖寶寶，轉眼之間，他不僅會掙脫你的手去做你不讓他做的事，甚至還會用他有限的語言和你頂嘴，真是讓人詫異又好玩。

時常聽到一些人對自己的孩子大聲吼：「你到底想幹什麼？」其實，這個時期寶寶合理的要求作為，父母還是要盡量滿足的，不合理要求也要注重方法來拒絕他，比如像阿里爸爸一樣用遊戲的方式轉移孩子的注意力，這樣既不破壞孩子的心情，又能增進親子關係，諸位新媽媽們也不妨一試。

1、新媽媽的遊戲小道具

- 好媽媽一個、乖寶寶一個。

2、新媽媽的遊戲開始啦！

- 找一個平坦寬敞的地方，讓寶寶和爸爸媽媽面對面地站著。
- 先給寶寶做示範，爸爸媽媽說「變小了」時蹲下，說「長高了」時站起，邊說邊示範。
- 當寶寶明白這個遊戲規則時，爸爸媽媽不再做示範，而是發號施令，當說「變小了」教寶寶蹲下，說「長大了」教寶寶站起，可以反覆玩，玩的過程還可以根據寶寶的反應適當調整蹲下和站起的節奏。

3、新媽媽新心得

- 兩歲寶寶愛模仿別人，他們看見別人玩什麼，自己也玩什麼，而模仿的大多是一些具體、簡單的外部動作，這個「小彈簧」的遊戲最適合寶寶模仿了。

- 這個時期的寶寶離開了具體的事物、具體的活動便不能進行，他們往往先做後想、邊做邊想，爸爸媽媽要做好示範。
- 寶寶還小蹲下和站起的節奏不宜太快，以免寶寶掌握不了重心摔倒。
- 此年齡寶寶動作發展進入了一個快速發展的關鍵期，但做事動作遲緩，身體控制力還比較差，缺乏自我保護的意識和能力，需要做這個動作的時候需要爸爸媽媽隨時在身邊保護。

新媽媽育兒理論小百科

這個遊戲在運動中既鍛鍊了寶寶的身體，也培養了寶寶的動作的協調性和反應速度，同時還培養了他的節奏感。

23 動一動，打氣球

阿里小寶越來越淘氣了，對媽媽來說，不要說別的，就光穿衣服這件事都成了一項浩大的工程。

早上的陽光真好，一大早起床，我把他出門用的尿片、奶瓶、水瓶、小點心都收拾好，等吃過早餐，我要立即帶他出去呼吸新鮮的空氣，曬曬太陽，找小朋友們一起玩，美好的一天要用一些美好的事情來充實。

可是，弄好早餐要叫阿里小寶起床的我，使了九牛二虎之力，小傢伙就是賴在床上不願動，我拉起他的被子打算疊好，阿里小寶便吵鬧起來，雙腳蹬來蹬去，嘴裡哼哼嘰嘰，很顯然他是抗議我拉走了他的被子。沒辦法我只能拉開被子給他蓋好。如此折騰一番，等他願意自己從床上爬起來時，時間已過去大半個鐘頭。

我將他固定在自己的小餐桌上，桌子上放了很多好看的餅乾，只有這些彩色的東西能牢牢鎖住他的注意力，安穩坐在椅子上用餐。

曾在一本書上看到，說寶寶的好習慣要從很小養成，尤其是用餐這樣的事情。可是，阿里小寶好像異於常人，即便在他剛能坐那一會兒我便抱著他或者將他固定在餐椅上吃飯，可是他似乎從未專注於食物從而安安穩穩吃一頓飯。抱在腿上餵時他會扭動著身子，抗拒被固定；固定在餐椅上，他也是坐不了兩分鐘就開始吵著要起來了。所以，即便我做了很多努力，也未能培養起他好好用餐的習慣。

早餐結束後，我開始給他穿出門的衣服，因為是冬天，為求保暖，我需要給他穿上背心、衛生衣、羽絨衣才能出門。我剛剛把居家服給他脫下，阿里就拍著自己的小肚肚跑走了，我拿著衣服走進臥室，阿里一看見我，又從另一邊跑開了，一邊跑一邊還不忘回頭對我笑。弄得我是又氣又惱。

好不容易將他拉到自己身邊，他就扭動著身子不願穿衣服。剛套上一個袖子，他又趁我放鬆「警戒」跑了，於是我不得不拖著另一隻袖子追在他身後跑。等我把背心和衛生衣給他穿好時，已是累得快要虛脫了。其他衣服、褲子所要耗盡的力氣跟這兩件一樣的多，甚至更甚。所以，一如往常一樣，我們就穿衣服這件事花了足足一個多小時，才算結束。

剛出門，我還沒鎖好門，阿里小寶已經自顧自的跑去了電梯口。如果我再慢一步，他就會自己乘著電梯去樓下了。

下樓碰到潼潼媽媽，聽聞我的「悲慘」經歷，她告訴了我幾個辦法，說下次阿里還這樣時，可以用他最喜歡的東西來吸引他，比如給一件還不曾玩過的玩具或者放一集好看的動畫片，這樣他的注意力會被轉移，媽媽就能安心給他穿衣服了。

就在我悉心聽取這些建議時，阿里小寶又趁機跑走了。這一次，他是被一家三口正在進行的遊戲吸引了——

一個五歲多的女孩手裡拿著一個排球，她拋給媽媽，媽媽又拋給爸爸，爸爸接著傳給女孩自己。簡單的小遊戲，對小女孩來說也是一項難事，時常接不住爸爸拋來的球，致使球滾落出去好遠，於是小女孩不得不追出去撿，這一動作竟然把阿里逗樂了，他拍著自己的小手，哈哈大笑起來。回來的小女孩以為阿里在嘲笑她呢！瞪一眼阿里小寶，撅著嘴一臉的不高興。

原本被阿里小寶折騰的半死，此刻見他如此喜歡這項遊戲，真有種如獲至寶的感覺，這下回家我們又有得玩了。

1、新媽媽的遊戲小道具

- 報紙、寬膠帶、長線、三四個五彩斑斕的氣球。

2、新媽媽的遊戲開始啦！

- 媽媽先用報紙捲出結實的小紙棒三根，用寬膠帶纏好，然後媽媽爸爸和寶寶手裡每人一根。
- 媽媽將吹好的氣球扔到空中，然後示範用紙棒打氣球，讓寶寶明白遊戲的動作要領。
- 爸爸媽媽和寶寶選好位置，把氣球拋起，你打給我，我打給你，一邊打氣球爸爸媽媽還可以一邊教寶寶唱兒歌：「小氣球，飛呀飛，飛到半空中，寶寶（媽媽、爸爸）推一推。」

- 媽媽也可以把吹好的氣球吊起來，讓寶寶伸手跳起打氣球。

3、新媽媽新心得

- 若是把氣球吊起來，氣球高度設置要合理，讓小寶貝在嘗試幾次後，可以碰到。
- 這個遊戲不受地方的限制，有一點小空間就可以玩，還可以很好訓練寶寶拍、跳、打等動作，幫助寶寶成長。
- 兩歲多的寶寶，這時最明顯的是運動功能的發達，已經能夠用單腳保持平穩兩～三秒，雙腳同時起跳，著地能不摔倒，把氣球吊起來，讓寶寶跳起來擊打，可以很好地鍛鍊寶寶的彈跳能力。
- 在玩遊戲的時候爸爸媽媽一定要陪在寶寶身邊，以防寶寶不小心摔倒。

新媽媽育兒理論小百科

像「打氣球」這種方便快樂的遊戲，既可以鍛鍊寶寶動作的靈活性，又可以培養寶寶與人合作的精神，對寶寶的成長很有益哦！

24

唱兒歌，撓癢癢

「老婆老婆，妳快過來！」上午時分，我正在客廳看電視的時候，老公神神秘秘地過來說道。

「今天可是你陪兒子哦！便便、尿尿這類事情，我可一概不管！」我看向老公沒有跟過去的準備。

「妳過來看看嘛，大驚喜！」

看到老公神秘兮兮的樣子，我的好奇心頓時被調動起來了，跟著老公走進臥室。這不看不知道，一看確實驚喜，以往拿起圖片含糊不清叨叨唸的阿里小寶，此時對著圖畫書的小人物說話呢！而且句句都很清晰。

只見小寶貝指著圖畫中的卡通人物說：「你不乖不覺覺！」接著又指著另一個卡通人物說：「你也不乖，沒鼻鼻。」然後他又翻過一頁，看到一棵樹上站著的小鳥，竟以為牠在唱歌呢，嘴裡說道，「我們一起唱歌，好不好！」說完居然真的「依依呀呀」唱起來，雖然不成曲調更聽不清歌詞，但

是小寶貝一本正經的樣子把我們逗得捧腹大笑。

寶寶的成長總是給我帶來意想不到的驚喜，這就好比一顆妳親手種下的小樹苗，妳親眼看著他破土而出了，長了新芽，開了花，結了果一樣。內心的激動總是不言而喻。

瞧，上午的驚喜剛剛結束，這下午時分的意外又來了。在傍晚時分正在廚房準備晚餐時，突然聽到阿里小寶在叫我。他對著廚房大聲的叫媽媽，我跑出來一看，小寶貝自己拿著遙控器換節目，換到花式溜冰的頻道，竟也跟電視裡的人做動作，覺得一個人不過癮，這才叫我跟他一起跳呢！雖然陪兒子玩得開心，但自己心裡卻突然很難過。

阿里小寶雖然一天二十四個小時由我照顧，但我時常因為有各種家事要做，只能讓他一個人玩樂，每天帶他出去能碰到可以一起玩的小朋友的機會也不多，尤其這冬天，大多數人都宅在家裡，外出的小朋友更是少得可憐，所以，這一天天的阿里小寶只能自己一個人玩，實在是可憐得很。有時候對那些玩具和圖片膩煩了，他就纏著我，從各種舉動可以看出來，他需要一個能跟他玩在一起的玩伴。

一個育兒專家曾說這個時期的寶寶若缺少玩伴，可能會在心理中製造「想像中的朋友」，面對著房間牆壁或圖書好像與人說話似地遊戲著，有時候會黏住媽媽，要她陪著自己玩，如果要求得不到滿足，他們會哭鬧、發脾氣，這並不是不正常現象，而是渴求玩伴的心理表徵。看來，我得多抽點時間陪著寶寶才行，也得好好想想應該為他準備一些什麼樣的「好朋友」了。

1、新媽媽的遊戲小道具

• 大樹和毛毛蟲面具。

2、新媽媽的遊戲開始啦！

• 在一塊平坦的空地上，媽媽戴上大樹的面具扮演大樹，給寶寶戴上毛毛蟲的面具，讓寶寶扮演毛毛蟲，然後面對面坐好。

• 媽媽扮演大樹時，先進行故事導入，可以對寶寶說：「這是誰呀？大樹爺爺年紀大了，沒人陪我玩很孤單哦！」然後教寶寶認識到自己是毛毛蟲，並教寶寶說：「大樹爺爺，我是毛毛蟲，我來陪你玩。」

• 媽媽教寶寶伸出手來給「大樹」撓癢癢，便撓邊唱兒歌：「毛毛蟲呀，爬出來啦，啦啦啦啦啦啦啦。大樹爺爺，笑起來啦，哈哈哈哈哈哈哈。」

• 等寶寶完全理解了這個遊戲後，媽媽可以和寶寶互換角色，讓寶寶當大樹爺爺。

3、新媽媽新心得

• 遊戲過程中媽媽的語言要生動形象，具有親和力和感染力，為寶寶創設了一個寬鬆的心理環境。

• 這個遊戲以故事導入，生動形象。由毛毛蟲撓癢癢，給大樹爺爺帶來快樂，可以很好地喚起寶寶共鳴感，在一種輕鬆愉悅的氛圍中調動寶寶主動參與活動的熱情。

- 遊戲中學唱兒歌，寶寶更樂意用手部動作表現歌曲內容，給寶寶帶來了視聽的雙重體驗，配合手的動作，讓寶寶對兒歌的內容和旋律有了更深刻的感受和理解。
- 寶寶的學習有個慢慢內化的過程，因此在第一次教學活動中媽媽不必操之過急，應該留給寶寶一些內部消化的時間，多和寶寶玩幾次耐心教會寶寶這個遊戲。

【新媽媽育兒理論小百科】

「唱兒歌，撓癢癢」，輕鬆愉悅的心理環境和遊戲情境，可以很好地提高寶寶對音樂活動的興趣，不但能使孩子心情愉快，而且對加強親子之間的感情很有好處。

25

推呀推
寶寶是個不倒翁

阿里小寶終於有了他的四個新朋友：兩條紅金魚，一盆綠蘿，一隻可愛的小白兔。

阿里小寶在他還很小時開始，就對魚類有著特殊的愛好，去超市、去朋友家，只要看到魚缸中游動的魚，他的注意力就會被吸引過去。等他會說一些單字時，說的最好的也是「魚」這個字。

而且，我聽說如果寶寶的注意力時常跟著游動的魚走，對他具有明目兼聰腦的作用。當然最重要的是，阿里在家需要一個靈動的生物做朋友，魚好養又比較乾淨，基於以上原因，這兩條魚便成了我們家的成員。

在我帶著阿里小寶選購這兩條魚時，他的眼睛緊緊盯著魚缸裡那些游動的魚，臉上寫滿新奇。回家我將魚養在一口防摔的透明容器裡，阿里就一直站在旁邊看，嘴裡興奮的喊著：「魚魚魚，媽媽，魚。」

阿里小寶對任何玩具的熱情只能持續很短的時間，倒是這兩條魚將他的注意力吸引了很久。為了讓寶寶將魚當成他的東西來對待，我拿出魚飼料讓寶寶自己拿一些出來餵魚，幾次引導後，兒子每天早上一起來，就會主動找飼料，並拉著我一起餵養。

我向來不是個會打理花草的人，基本是養什麼死什麼，後來聽朋友說綠蘿好養，而且具有吸塵的作用，只是一直懶得買來養。這次購買其實也是為了配合兒子，想來經常讓他餵兩條魚也顯單調，加一盆綠蘿讓他澆澆花，一來增加娛樂，二來也有助於培養他自做動手的能力和責任心。我想有利無害的。

兔子是朋友送來的，她的女兒有一隻很乖巧的小灰兔，孩子很喜歡，經常拿著胡蘿蔔餵牠，表現得很有愛心的樣子。所以，朋友便買了一隻白色的送了阿里。阿里小寶一開始比較怕，但很快就喜歡得不得了，時常他一高興就會不停說話，問我各種問題，這次也不例外。

他問我兔兔為什麼關在籠子裡？為什麼喜歡吃胡伯伯（胡蘿蔔，發音不準）？兔兔幾歲了？兔兔要覺覺嗎？等等。我趁此機會告訴他，兔兔喜歡他才來我們家的，牠比寶寶還小，需要寶寶精心照顧，兔兔最愛吃的就是胡伯伯，寶寶每天要餵牠，把牠養得壯壯的，等牠長大了，我們就放牠出來跟寶寶一起出去追蝴蝶。

阿里小寶似懂非懂的聽著，眼珠不斷轉動，隨後，他抱起兔兔，一本正經的坐到爬行墊上，就在我不明就裡時，他小聲說道，「兔兔，不倒翁！」於是，那隻可憐的兔子不明就裡的就被阿里小寶抱在懷裡前後搖晃起來。

「不倒翁」遊戲是我跟阿里小寶最近常玩的遊戲，沒想到他會將這款遊戲跟一隻兔子分享，真的是讓人意外。

1、新媽媽的遊戲小道具

- 可愛的不倒翁一個，小寶寶可愛的身體和媽媽溫暖的懷抱。

2、新媽媽的遊戲開始啦！

- 先讓寶寶玩不倒翁，讓寶寶對不倒翁進行觀察。
- 媽媽把不倒翁擺在前面，媽媽坐在乾淨的地上或墊子上，兩腿分開，兩腳相對，雙手握雙腳的腳踝。
- 讓寶寶坐在媽媽的腿中間，胳膊自然放在媽媽腿的兩側。
- 媽媽撥動不倒翁後，一邊唸兒歌：「不倒翁，不倒翁，懷裡抱著個小寶寶。左歪歪，右歪歪，搖來搖去搖不倒。」一邊隨著兒歌節奏左右搖擺。
- 媽媽也可讓寶寶單獨當不倒翁。把寶寶放在乾淨的墊子上，讓寶寶兩腿分開，兩腳相對，教寶寶雙手握雙腳的腳踝，然後媽媽在寶寶身旁，用一隻手從後面推寶寶，用另一隻手在前方保護，然後唸兒歌讓寶寶的身體左右搖擺。

3、新媽媽新心得

- 這個遊戲寶寶會站立的時候就可以玩，而且寶寶會對這個遊戲樂此不疲。
- 媽媽要用兩手握住腳踝，雙臂將寶寶固定在懷裡，左右搖擺時盡量增加搖擺的幅度，增加遊戲的趣味性，不過在搖擺的過程中一定要保護好寶寶的安全。
- 在遊戲的過程中，如果寶寶搖擺的方向沒錯，媽媽要抱起寶寶舉高高表示鼓勵。

新媽媽育兒理論小百科

這個遊戲可以很好地促進寶寶大腦的平衡功能，更可以讓寶寶體驗與媽媽一起遊戲的快樂，增進親子感情。

26 看看病，打打針

在我期盼了無數個日夜後，阿里小寶終於可以坐在便盆上大小便了。

因為老公的反覆引導，阿里小寶想要大便的時候就會舉手，雖然他會說「便便」二字，可是舉手似乎更能表現他對這事的重視。我將他安頓在他的坐便器上。他便乖乖的解決了。

當然頭痛的問題總是不斷，很多時候小寶貝坐在便盆上面竟然不願下來，時常把便盆當馬騎，走到客廳拉著去客廳，走到臥室帶到臥室。更好笑的是，他會拿起點心，一本正經的坐到馬桶上，再津津有味的吃起來。這還不算，在他想要尿尿時，他會左右扭動屁股，如此尿尿就撒得到處都是，而他還樂此不疲的抓了尿尿洗臉。即便我拿出我十倍的精力告訴他這麼做的壞處，可是他充耳不聞，甚至變本加厲。

「這可怎麼好，生痔瘡怎麼辦？而且這樣吃東西也不衛生。」我無奈地說。

「哎，我告訴妳啊，妳別期待能出現什麼奇蹟，這個年齡層的寶寶雖然身體上做好了自己大小便

的準備，但他的小腦袋裡還沒有把這種程式『編』好，我們急不來。」老公頗有心得地說道。

「那怎麼辦呢？」我依然很擔憂。

「這是一個過程，小寶貝逐漸地對自己的身體有了更加明確的認識，由此越來越聽從身體內部的召喚。他開始進行這樣的聯繫——有尿的時候，我要把它尿出來。能自己獨自控制身體是多麼令人興奮的事情，大小便對他而言不過也是一種遊戲罷了。妳不知道我同事的寶寶更嚇人，自己便便完後還賞玩呢！對不諳世事的小寶寶來說，他肯定以為這是一個新遊戲。有的時候這個小傢伙還會把便盆裡的東西當作『小禮物』送給爸爸媽媽。」老公笑著跟我講。

「不是吧，這個寶寶也太厲害了？」我驚訝不已。

「還有更好玩的呢！同事的孩子前段時間生病住院要打肌肉針。對打針這事很懼怕。後來，同事就寶寶不大便便只玩坐便器想了怪招，每次孩子在坐便器上玩時，他便大喊一聲『打針針了』，那孩子就會快速穿好褲子，落荒而逃，再也不玩坐便器了。」老公繼續講同事孩子的趣事。

「讓孩子當醫生，給『病人』看病打針，玩玩這種遊戲挺好的，但如果拿打針來嚇唬孩子，不應該吧！本來孩子就懼怕。」我對這個父親的舉動實在不敢苟同。

「呲……」就在我跟老公討論這事，阿里小寶突然跑來，對著我的額頭用手指戳了一下，意思是打針推藥，我愛戀的將他一把抱在懷裡。

其實，阿里最近因為肺炎的緣故也打了幾天點滴，只是回家後，我跟他不停宣講掛點滴的意義，以及醫生的作用，並做示範，讓他知道醫生的一些基本工作，幾次下來，阿里小寶就喜歡上醫生這個職業了，不時要扮演一下這個角色，學著媽媽的樣子給爸爸扎針、推藥，有時還拿耳機當聽診器。

真是個可愛的迷你醫生。基於這款遊戲的誘導，阿里再上醫院時就不像先前那麼害怕了，甚至有時還會眼淚汪汪的配合醫生的工作。

趁兒子跟爸爸玩醫生病人遊戲時，我查了一些相關寶貝大便便的資料，才瞭解到**寶寶在學習自己大小便的過程中，會有反覆、倒退和小事故。另外在生命的這個階段，寶寶正是處於第一個反抗期。他正在尋找一點點自主，因此他可能會以大小便為武器，說「不」。在這種情況下，當爸爸媽媽的要理智一點，不要著急，耐心地教導才好。**想來老公同事用打針嚇唬孩子的行為實在不可取。

以前倒也聽過一些日本爸爸的怪招，跟自己的孩子說，坐便器餓了，讓孩子大便便餵它，如此孩子就會很努力的用起勁來。還有一些媽媽會買兩個坐便器，自己坐到其中一個上，說要跟寶寶比拼，看誰大的便便更多。因為這些遊戲方法的介入，寶寶倒是把大便便當成了一件很好玩的事情，就更願意好好排便了。

看來，只要爸媽用心，孩子生活中的很多事情都能用遊戲解決的。以下是寶貝當醫生看病的遊戲，新媽媽們不妨一起來做一下吧！

1、新媽媽的遊戲小道具

- 玩具針、藥瓶、聽診器等醫療設備和一個布娃娃。

2、新媽媽的遊戲開始啦！

- 剛開始媽媽扮演醫生，布娃娃扮演病人，媽媽給寶寶演示醫生如何給病人看病。

- 等寶寶明白這個遊戲規則時，可以讓布娃娃扮演病人，讓寶寶給布娃娃體檢，比如，讓布娃娃靠在牆邊量身高，用聽診器聽娃娃的胸部，媽媽還可以引導寶寶檢查布娃娃身體的各部位。
- 布娃娃體檢完，看完病後，媽媽扮演病人，對寶寶說：「醫生，我有點發燒，請你給我打一針吧！」然後讓寶寶學著醫生的樣子給媽媽打針。
- 媽媽病好後，再由爸爸扮演病人，對寶寶說：「醫生，我頭痛，請給我開點藥吧！」然後讓寶寶學著醫生的樣子開藥。

3、新媽媽新心得

- 這個遊戲爸爸媽媽要讓寶寶來主導，享受遊戲的快樂，不要擔心寶寶做得「不對」，爸爸媽媽的目的是讓寶寶高興。
- 平時寶寶不聽話的時候，爸爸媽媽不要用打針來嚇唬寶寶，否則一旦寶寶生病，就會因為害怕而拒絕打針。

新媽媽育兒理論小百科

「扮醫生」遊戲讓寶寶進入角色扮演遊戲，可以鍛鍊寶寶的人際交往能力，幫助寶寶學習社會交往規則，促進寶寶語言智慧的發展。

27

我來了，我來了

某天晚上，夜已經很深了，阿里小寶卻毫無睡意，我幾次催促他睡覺他都無動於衷，在床上玩得不過癮，他又光著小腳跑到客廳打開他的機器玩具，學著機器人的樣子跳起了騎馬舞。更為頑固的是，他將玩具的音量放到了最大，一時間吵鬧的音樂連樓梯裡都能聽到。我跟他說好話讓他將音量調小，可是這頑固的小傢伙偏偏要跟媽媽唱反調。就在我無計可施，咬牙切齒，甚至開始摩拳擦掌之時，原本已在另一間臥室睡著的阿里爸爸現身了。

「寶貝，剛剛隔壁的老爺爺跟我打電話說，你的音樂吵得他難以入睡，所以他決定過來沒收你的玩具，這款玩具是你最喜歡的是不是，而且還很新，你打算讓老爺爺拿走對嗎？」爸爸提高自己的分貝，在一片音樂的吵雜中把這段話傳給了阿里。

阿里小寶似懂非懂的聽完，然後一把將玩具抱在了懷裡。

「寶寶捨不得讓老爺爺拿走玩具對吧！那我們把玩具的聲音關了好嗎？」爸爸繼續撒著善意的謊

言。隨後，又故意掏出手機，裝作給老爺爺打電話的樣子，嘴裡大聲說道，「阿里已經關了音樂，你就原諒他吧！」

說來也巧，老公剛剛合上手機，鄰居家的門被人敲響了。阿里小寶誤以為老爺爺過來沒收玩具，一臉慌張的抱起玩具直接衝到了臥室，然後再以最快的速度爬進了被窩，藏起了機器人玩具。

我跟阿里爸爸先是一愣，等明白是阿里小寶誤以為老爺爺在敲我們家門時，便心照不宣的對著門說道，「阿里已經乖乖睡覺了，老爺爺你回去吧！」

原以為爸爸的怪招和阿里自己的誤會會讓他消停下來，好玩的是，等了幾分鐘再無敲門聲後，阿里竟然囂張的從床上伸長脖子對著門口喊道：「老爺爺，來來來！」那口氣分明就是在說，「有本事你進來拿我的玩具啊！」讓人又氣又愛。

基於阿里小寶對爸爸編撰的「老爺爺來沒收玩具」的強烈反應，我突發其想，用扮演不同的角色的遊戲決定跟阿里進行親子互動。

一開始我故意把自己當成小寶寶，對著阿里小寶撒嬌說，「媽媽，我要吃奶奶，我餓了，抱抱我。」我拿頭磨蹭阿里小寶的肚子，學著他的樣子耍賴，阿里小寶一下就被逗樂了，然後我又張牙舞爪說自己是大灰狼，我要吃了他，先前看過大灰狼動畫片的阿里小寶，便晃動著身子躲進了臥室，我又說我是一塊大麵包，讓阿里小寶吃了我，阿里小寶果然張開嘴巴來咬我，於是我躲躲閃閃，不讓他咬到。

歡樂的氣氛隨著遊戲很快蕩漾開來，自此阿里小寶便愛上了這個遊戲，有時扮演機槍來掃射，有時又裝出小貓的樣子，嘴裡「喵喵喵」叫著，有時又扮著鬼臉，裝出巫婆的樣子，我跟老公也是很能配合的幫他演。我想，**讓孩子體驗不同的角色，在這種角色裡感知喜怒哀樂，對他以後是做怎樣一個人是有塑造作用的吧！**

1、新媽媽的遊戲小道具

- 爸爸媽媽寶寶及其他的家庭成員。為了增加遊戲的樂趣，媽媽還可以準備一個大灰狼面具。

2、新媽媽的遊戲開始啦！

- 由媽媽戴上大灰狼的面具扮演大灰狼，做張牙舞爪的動作，追逐寶寶，等追到寶寶時，和寶寶互換角色遊戲。
- 一家三口的簡單追逐：先讓寶寶當大灰狼，追捕爸爸媽媽，當寶寶抓到爸爸或媽媽，便由被抓到的那一個人扮演新的大灰狼，繼續遊戲。
- 一家三口的「俯身追逐」：選擇一個人當大灰狼，其他人在區域活動，逃避大灰狼的追逐，當要被大灰狼追上時，可俯身停下，這樣可安全逃避一次追逐，但每人只能做兩次「俯身」動作。
- 如果家庭成員比較多的還可以玩圓圈追逐：一家人圍成圈，前後相隔兩公尺左右。聽到信號後，所有人都按順時針方向跑，設法追到前面的人，被追到的人到圈中坐下，遊戲繼續進行，等到圈上只剩下一個人，該人即為勝者。

3、新媽媽新心得

- 追逐遊戲對寶寶而言是一種既帶有競爭意味，也帶有遊戲精神的比較激烈的活動，很多寶寶都喜愛這個遊戲。
- 進行追逐遊戲應考慮寶寶能力，採用合適的方法，並經常改變遊戲的方式，引發寶寶興趣，提高他們的活動積極性。
- 當寶寶慢慢長大，他們思考的能力也持續發展，追逐遊戲可以很好地幫助寶寶的思考能力與行動力以一種自然的方式連結起來，促進寶寶成長。
- 在玩遊戲的時候不宜太過激烈，以免摔傷碰傷。

新媽媽育兒理論小百科

寶寶的思考和行動的關係以一種非常特別的方式發生，在追逐遊戲中特別明顯：寶寶察覺到追逐者接近了，就趕快跑開。那麼寶寶跑開的動機是什麼？可能是危險、恐懼或者不被捉到的驕傲感……所有這些都有個共通點，就是它們都是情感的元素，因此這個遊戲可以很好地幫助寶寶體驗這些情緒。

28

切切菜，揉揉麵
捏捏餃子，搗搗蒜

有天老公看球賽，一時激動說了一個髒話，可是耳聰目明的阿里小寶很快就捕捉了，並發音標準的說了出來，而且連說了好幾個。老公自然被驚得不輕，因為我們約法三章，在家不准說髒話。一旦不小心說出被寶寶學到，就要罰洗一個月的碗筷。

情況緊急，老公左看右看，見我在臥室，以為沒聽到，於是趕緊攔住寶寶的嘴，並小聲嘀咕，不准說，媽媽會揍你的。可是，他這一舉動，反而激發了寶寶更大的好奇心，他掙脫爸爸跑開，等拉開距離後，又非常清晰的將那個髒話說出來。

結果是，老公罰洗鍋碗一個月，而我只能想方法讓他盡快將這個不雅字眼忘記。就在我上網查，逢人打聽時，倒是一個專家朋友的建議讓我一下冷靜了很多。

他說，這時的寶寶並沒有意識到自己在說髒話，只是一種模仿行為而已，更不會故意去侮辱人，他可能根本就沒搞清楚這句話的確切意思和惡劣程度，而只是無意中把在哪裡聽到的這句話，隨便地用了一下而已。因此，爸爸媽媽不必過於緊張，更不要刻意的罵寶寶甚至打寶寶，這樣只會加深他對粗口的印象，強化寶寶的這種行為。正確的做法是當寶寶說粗口的時候，不妨把它當成是一些平凡的字眼，不要給予過份的關注，假裝沒聽見，對他不理不問。慢慢地，寶寶覺得沒趣自然就不說了。

其實，想來，不管我們說不說髒話，跟社會不斷接觸的寶寶，遲早是要聽到這些不雅的字眼的。等寶寶過了模仿期，真正懂得這些字眼的含意時，爸爸媽媽就要在他爆出粗口或者罵出難聽話時，就要給予正確的指導和教育了。否則，他們一定會變本加厲。當然，需要相信的是，**一個從不說髒話的家庭成長起來的孩子，他們即便從外界耳濡目染不雅之詞，但放肆的說出來罵出來的機率很低。**我想，我跟老公只要發揮好表率作用，就是對阿里小寶最好的說教。

我的朋友小麗後來又告訴我其他的一些辦法：應該以孩子最怕的方式，將說髒話消滅在萌芽之中。她跟我說，每次她在廚房忙時，好奇的寶寶總是指著蘿蔔問媽媽，「菜刀切蘿蔔，它會不會痛！」於是，小麗就將這事誇張化，說：「痛，蘿蔔當然很痛了，只是這個蘿蔔不乖，不聽媽媽話，還喜歡說髒話，所以，菜刀為了懲罰它，就將它切成了小塊，把它的嘴巴切了，以後它就再也不能說髒話了。如果我們豆豆罵髒話，以後菜刀也會割了你的嘴巴，你再也不能說話了。」她家孩子聽她這麼一說，就有點怕了。以後她經常拿切碎的蔥花、韭菜、馬鈴薯做素材，挑選孩子不好的行為搬到這些蔬菜上，然後告誡兒子菜刀切碎它們是為了懲罰。久而久之，從一開始的似懂非懂到慢慢體會，豆豆懼怕菜刀的威力，就再也不敢隨便說髒話或做出頑劣舉動了。

「我時常還跟他做切菜、搗蒜的遊戲，如果我做錯了什麼事，就讓豆豆的小手當菜刀、蒜槌，把我的手、胳膊、身體當成蔬菜、蒜頭來切來搗。如果阿里犯了小錯誤，就換我來當菜刀、蒜槌了。我們相互監督，誰錯了懲罰誰，玩著玩著，孩子便知道了哪些事要做，哪些不該做。還懂得了做錯了事情要付出代價這樣的道理。」小麗說。

聽她講這些，真是發自內心的佩服她。我跟阿里小寶時常也玩切菜、搗蒜的遊戲，也僅僅是遊戲而已，從沒想過能透過遊戲來提高阿里小寶的覺悟，看來用心的媽媽能把任何東西變成教育孩子的法寶。

1、新媽媽的遊戲小道具

- 媽媽甜美的嗓音和小寶寶靈活的小手。

2、新媽媽的遊戲開始啦！

- 寶寶和媽媽面對面坐著。
- 把手掌心朝上，放在媽媽手上。媽媽一面唱童謠，一邊做動作。
- 媽媽唱到：「炒蘿蔔，炒蘿蔔（在寶寶手掌上做炒菜狀），切、切、切（在寶寶胳臂上做刀切狀）。搗搗蒜，搗搗蒜（在寶寶的手掌上做搗蒜的動作），翻、翻、翻（在寶寶手掌上翻轉手心手背）。」

- 等小寶寶學會這個遊戲後，可以讓小寶貝主導，讓寶寶唱兒歌做動作。

3、新媽媽新心得

- 這款遊戲有兒歌有動作，寶寶會很喜歡，特別是到最後的撓癢癢常常讓寶寶樂不可支。
- 遊戲涉及到生活的一些基本常識，帶給寶寶樂趣的同時，更是引起寶寶對生活常識的興趣，增加寶寶的生活經驗。
- 在遊戲的過程中，寶寶的兒歌可能背不全，或者忘記某一個環節，媽媽可以適當地提示指引，不要讓寶寶覺得難，從而不繼續遊戲。

新媽媽育兒理論小百科

兩、三歲的寶寶將逐漸掌握大部分基本生活技能，可以適當地自己照顧自己，還可以很好地運用語言、動作來表達和交流，加上對世界的好奇心不斷高漲，強烈的求知慾還會驅使他不停地問這問那，這款遊戲可以讓寶寶增長了很多知識。

29

搖啊搖，搖到外婆橋

吃過晚飯，我們一家三口出門散步。到小廣場的座椅上休息時，阿里小寶突然想玩扮家家酒的遊戲，他用自己的小鏟子裝了幾塊石頭來到我跟老公面前，讓我們享受他「盤子裡的美味」，老公很享受的「嚐了嚐」，我也跟著砸吧嘴巴。阿里小寶對我跟爸爸的配合很滿意，跑去又採別的東西當「點心」了。只是這次他回來時彎腰駝背，儼然一個老奶奶的樣子。老公倒是開懷大笑起來，原來這都是他平時扮演外婆讓阿里小寶樂的傑作啊！

阿里小寶見自己的扮演逗樂了爸媽，開心的轉起了圈，只是突然他停下來，接著像左前方搖搖手，嘴裡還「爸爸，爸爸」地叫著。我和老公一愣，不知怎麼回事。

「兒子，怎麼了？來爸爸這。」老公對著阿里小寶說。

一聽老公說話，阿里小寶的小腦袋轉了過來，露出了很不可思議的表情，然後好像害羞的樣子，不說話了。我看後，哈哈大笑，很快就明白怎麼回事了：原來小寶貝看見一個和爸爸個子差不多的男

人從左前方走過，那人也戴著眼鏡，他以為是爸爸呢！就表現很激動的樣子，當他看到爸爸就在自己身邊，而他是認錯人了時，就表現得很害羞，尤其是我哈哈大笑的時候，他更害羞了，樣子超可愛！

爸爸媽媽們，你們別以為寶寶年紀小就不知道害羞哦！他們雖小但也有自己的人格尊嚴。所以，做為爸爸媽媽要尊重寶寶。**寶寶從小受到尊重才會產生自尊心，長大後也更會懂得尊重別人，如此，寶寶才會生活得更愉快，身心才能得到更為健康的發展。**因此，家中應該有民主氣氛，爸爸媽媽要寶寶幫忙做事時應該用商量或請求的語氣，不要強迫命令；當寶寶做完事情的時候要對他說「謝謝！」爸爸媽媽自己做錯事了或者說錯了話，也要勇於承認錯誤，說「對不起」；若不小心錯怪或冤枉了寶寶，要即時向寶寶道歉。

另外，寶寶難免會有失誤、做錯事的時候，或者有不能令人滿意的行為習慣，爸爸媽媽應該循循善誘，讓寶寶改正不足和錯誤，而不是當著眾人的面嘲笑、指責、議論、批評寶寶，說他笨、不乖、喜歡打人罵人等等，這樣只會強化寶寶的不良行為，也會傷害寶寶的自尊心。更不要把寶寶當成玩物，有意識無意識地隨便戲弄寶寶，比如，寶寶反應遲鈍一點就罵寶寶是「笨蛋」、「無能」；看寶寶長的瘦瘦小小就叫他「小瘦猴」；寶寶長得白白胖胖就叫他「小胖豬」；在別人面前說寶寶的一些糗事，讓別人娛樂等等。

1、新媽媽的遊戲小道具

- 歌謠CD、玩具糖果和糕點。

2、新媽媽的遊戲開始啦！

- 媽媽把房子佈置成外婆家，然後播放CD，教會寶寶唸童謠。
- 遊戲開始啦，媽媽扮演外婆唸道：「搖啊搖，搖到外婆橋。」寶寶快速走到媽媽身邊，這時「外婆」說：「我的好寶寶！」並引導寶寶做好寶寶動作，然後拿出道具糖果一邊遞給寶寶一邊唸道：「糖一包，果一包，」接著再遞過糕點玩具唸道：「吃完糖果還有糕。」
- 等寶寶熟悉這個遊戲時，媽媽可以和寶寶互換角色玩。
- 等寶寶玩累的時候，媽媽把寶寶抱在懷裡，一邊輕拍寶寶的背，一邊唱著歌謠，輕輕搖動寶寶，告訴寶寶小時候媽媽就是這樣睡在外婆的手臂裡的，然後告訴寶寶媽媽非常愛寶寶，問寶寶「寶寶愛媽媽嗎？」引導寶寶說話和媽媽親親。

3、新媽媽新心得

- 這個遊戲歌謠與動作、遊戲相結合，寶寶一下子就感受到了童謠的樂趣，很快就可以被遊戲吸引。
- 在這個遊戲中，寶寶的思維處於積極主動的狀態，透過遊戲、動作，與媽媽親密地玩在一起，可以很好地獲得情感上的滿足。
- 這個遊戲氛圍顯得寬鬆，無絲毫壓力，寶寶們在遊戲中學會了童謠，同時他們既感受到了民間遊戲的樂趣，又感受到了家鄉語言的美。

新媽媽育兒理論小百科

童謠做為寶寶喜歡的一種語言表達方式，有著自身的語言特質，如語言活潑、節奏明快、朗朗上口、易於傳唱、富於趣味性，因此民間童謠「搖啊搖，搖到外婆橋」，能使寶寶感受兒歌的節奏美，運用身體語言表現不同的節奏，在學習中體驗民間童謠的樂趣。

30 鴨子、小鳥、白雲很抽象

自進入兩歲的年齡層後，阿里就特別喜歡翻看家裡的雜誌，還喜歡不停地問我雜誌上那些畫是什麼意思。

有一天小寶貝看到書上畫的一個女孩子摘花被花刺刺傷了手指，他便問我：「媽媽這個阿姨的手是不是被花咬了？」後來我發現他畫畫的時候，有一些圈、線條、不規則的三角形等，就問他畫的是什麼，小寶貝指著圈就說是花，那些亂亂的線條是阿姨，那些三角形是蟲子。如此看來，小寶貝是記住了看過的那個印象比較深刻的圖書畫面，然後用自己的塗鴉方式表達出了對事件的描述。

想必，**這個階段的寶寶對自己的塗鴉作品都有了一定的定義，在他們的世界裡線條是蟲子，圓的是氣球、人等，這些線、圈等在孩子看來那就是他表達出的某種事物**。他們對自己塗抹出來的「畫」並不在意，他們只是很喜歡筆在紙上塗抹的那種過程。對我們大人們來說，也許會覺得孩子的圖畫

是完全沒有意義的，但對寶寶本人來說，其實是不斷表達自己能力的一種方式，表明寶寶對筆、紙有了美妙的認識，對事物有了自己的一套表達方式，而且塗鴉過程讓寶寶很開心。

不僅如此，**此時的寶寶還有一種獨特的心理——泛靈心理，在他們眼中所有的事物都是有生命、有意識的，在這種心理的驅使下，寶寶的世界和大人的世界有著很大的不同。**

記得有一次，我帶寶寶去外面吃飯，不小心碰倒了杯子，水灑了一桌子。就在我手忙腳亂收拾時，阿里小寶倒是很天真地說道：「媽媽，瓶瓶摔倒了。」原本有些小尷尬的氛圍一下被他的話語掃得精光。

阿里小寶在說出一些大人想都想不到的話的同時，他又很喜歡聽媽媽指令去拿媽媽讓他拿的東西，而且做這些事時非常專注。比如他會說「車車」，我問他車車在哪兒？他就會很快的跑到放他玩具車的地方，將玩具車拿到我面前，如果找不到，他會到處翻，直至找到為止。

聽專家朋友講，這個年齡層的孩子對事物的注意力似乎更加集中，從阿里小寶目不轉睛的看家裡那兩條紅豔豔的金魚游動，看著天空中鴿子飛過，專注的找媽媽指定的東西等事件不難看出，相較一歲多的孩子，他們的專注力確實在不斷的提升。

為了強化他這一能力，我時常會讓阿里小寶幫我做一些事情，比如幫我拿擦地板的抹布、拿一張衛生紙給我、撿拾滾落進茶几下的核桃、將一塊紙團丟進垃圾桶等等。阿里一開始當然不知道媽媽所謂的抹布、衛生紙到底是什麼東西，但時間久了，他便目標明確的在特定的地方找到媽媽特指的東西。有時，趁著阿里小寶翻抽屜玩的時候，我會將他的玩具放到某個抽屜裡，然後叫他將它們找出來，阿里小寶每次都能順利完成任務，見我表揚他，快樂的笑容洋溢在稚嫩的臉上。

孩子的發展每個階段都不同，我想每一位媽媽都可以根據孩子特定階段的特殊表現，對他們進行針對性的培養和教育。以下這款找東西的遊戲就適合兩歲後的寶寶來玩，對於他們專注力的提高是有很大幫助的。

1、新媽媽的遊戲小道具

• 寶寶鍾愛的幾件小玩具。

2、新媽媽的遊戲開始啦！

• 爸爸媽媽可以拿出幾個不同的玩具或者常見的物品，當著寶寶的面把他們分別藏在家中不同的角落裡。

• 爸爸媽媽給寶寶下命令，讓寶寶將這些物品一一找出來，或者指定寶寶去拿某一件玩具。

• 等寶寶熟悉了這個遊戲時，可以讓寶寶把物品藏起來，家長要假裝找不出來最後的一兩件，讓寶寶自己找出來。

3、新媽媽新心得

• 媽媽在遊戲的過程中，可以偶爾做一些不正確的猜測，或問一個愚蠢的問題，吸引寶寶參與這個遊戲。

- 如果寶寶沒能按照要求找到物品，爸爸媽媽也不要批評寶寶，而是要耐心指引寶寶繼續努力尋找「寶物」。
- 玩的時候媽媽要注意難度不宜過大，以免讓寶寶因為完成不了任務而灰心喪氣，不願繼續這個遊戲。
- 當寶寶成功完成任務時，爸爸媽媽要即時誇獎寶寶，給寶寶信心和成就感。

新媽媽育兒理論小百科

注意力是影響寶寶智慧發展很重要的因素之一。這個遊戲可以幫助寶寶提高注意力，讓寶寶學到很多知識，提高寶寶的智慧。

第四章

兩歲寶貝遊戲

大家來玩「表情遊戲」

31

眨眨眼睛笑呵呵

我時常非常苦惱，相較他那些琳瑯滿目的玩具，阿里小寶似乎更喜歡浴室和廚房的東西。每次我在廚房忙時，他都會跟進來，動這個一下，看那個一下，看起來比我還忙。有時他心血來潮，會幫我剝蒜皮，還會從我手裡搶過削皮刀很逞能的削起馬鈴薯來，幾次馬鈴薯從手裡滾落到垃圾桶裡，他便手忙腳亂的抓起來繼續忙，嘴裡還不忘說，出來出來！其實，浪費掉一顆馬鈴薯事小，阿里小寶有時會趁我不注意打開櫃子玩米，甚至有一次他就像大力水手一般，把一整袋剛拆封的米從櫃子搬出來，將一大半倒在地上，弄得我花了一下午時間來收拾。

去浴室玩也成了阿里最喜歡的項目，通常他因為怕黑不敢獨自去浴室，一旦爸爸或我進去，他便會趕忙跟進來，首先做的就是把但凡能夠拿到的毛巾、手套、洗衣粉、髒衣服等等全部拿出來扔到走道上，然後再目標明確直取拖把，學著媽媽的樣子洗拖把，然後水淋淋的拉出來，拖地。我有雙

拖鞋因為防滑效果差，阿里小寶弄濕的地板讓我兩次滑倒在浴室裡。雖然，我曾教他該怎麼洗拖把，如何將拖把的水擠出，可是他充耳不聞，依然我行我素。真的是拿他一點辦法都沒有。

後來，聽朋友的建議，我為他買了一套玩具餐具，還有拖把、掃把和刷子等等，讓他先從玩具開始練手，等知道怎麼用了，再讓他接觸實物。可是，我很失望，小傢伙對這些玩具的興趣遠遠低於對實物的興趣，只玩了很短的時間，那些東西就被他棄如敝屣了。

我向來比較講求衛生，但凡覺得有細菌的東西都不會讓阿里小寶去觸摸，一旦接觸，也是趕緊幫他洗手。只是後來在一本育嬰雜誌上看到，**一個因為太注重衛生從沒有爬過樓梯的孩子，比那些經常雙手找地爬樓梯的孩子生病的機率高出三倍，甚至可能更高**。

同樣在這本雜誌上，看到一位媽媽寫的關於孩子成長的故事，她說她家孩子，每次從她手裡搶奪掃把時，她都會給她，並指導她怎麼掃，拖把也是，只要孩子想玩，她就挽起孩子的袖子，讓她洗拖把拖地，即便水弄得滿地都是，她都是鼓勵孩子做，並告知她避免下次弄出那麼多水的方法。孩子在鼓勵中學得很快，在她四歲時就已經能幫媽媽打掃環境、擦地板了，並且做的一點都不差。全篇她並沒有寫她的孩子因為亂動這些不太乾淨的東西鬧出什麼疾病，反而覺得孩子在這樣的嘗試中，變得更加樂觀積極。

她還說，她家的孩子還很喜歡照著鏡子，有時候還會用舌頭舔鏡子裡的人，舔過了還不夠，又拿手指對著鏡子上的口水畫圈圈，隨後，讓她瞠目的是，孩子又將那個剛剛畫過圈的髒手指直接塞進嘴裡，津津有味的啃起來。苦惱之餘她跟孩子講道理，讓她明白細菌在嘴裡的危害，只是孩子太小，似乎根本聽不進去，她剛剛苦口婆心給孩子講完道理，一個轉身，孩子又故技重演了。

後來，她就想了別的招數，拿來一面鏡子，拿起衛生紙將鏡子擦得乾乾淨淨，然後對著鏡子裡的自己眨眼睛、做鬼臉，還搖頭晃腦的唱起了兒歌。一旁的孩子不明就裡的看著媽媽完成這一切。隨後，這位媽媽就鼓勵孩子像媽媽一樣跟鏡子裡的寶寶打招呼、眨眼睛、點頭搖頭。如果鏡子上有污點，她就跟自己的孩子說，妳瞧，鏡子裡的娃娃臉髒髒了，我們幫它擦擦好不好。於是，拿來抹布或紙巾擦乾淨。自此，這孩子就效仿媽媽的舉動，再也沒有舔過鏡子，也沒把髒髒的指頭塞進嘴裡。

「孩子想做一些大人覺得不好的事情時，不如讓他嘗試他想嘗試的，如果他嘗過了新鮮覺得沒意思了，以後可能也就不碰了，越是阻攔，反而越激發他的好奇心和反抗慾。**阻止也要講方法，以親自娛樂的方式改變孩子的某些行為比強行制止要容易得多。**」這位媽媽說。

1、新媽媽的遊戲小道具

- 會眨眼睛的布娃娃。

2、新媽媽的遊戲開始啦！

- 媽媽和寶寶面對面坐著，媽媽調皮地和寶寶眨眼睛，讓寶寶也學著媽媽的樣子調皮地眨眨眼睛。

- 媽媽拿出會眨眼睛的布娃娃給寶寶，先引導寶寶觀察布娃娃的形態、顏色、特點，誘導寶寶說出來。
- 媽媽讓寶寶看布娃娃的眼睛，然後唱兒歌：「布娃娃，眨眼睛，一閃一閃真漂亮。」然後媽媽再讓寶寶眨眼睛並唱到：「乖寶寶，眨眼睛，一閃一閃真可愛。」媽媽要教寶寶唱兒歌和布娃娃一起眨眼睛。
- 觀看完布娃娃眨眼睛，媽媽還要啟發性地問寶寶除了布娃娃和寶寶會眨眼睛還有什麼會眨眼睛，媽媽可以引導寶寶聯想到星星閃爍等自然現象。

3、新媽媽新心得

- 眨眼睛的動作簡單好玩，加上有可愛的布娃娃配合，寶寶會樂此不彼。
- 兩、三歲的寶寶以動作思維為主，思維在動作中進行，他們要依靠感知和自身的動作進行思維，離開了動作思維就終止了，也就是說這個時期寶寶的思維是在動作中進行的，這個遊戲可以很好地培養寶寶的動作思維。
- 遊戲時寶寶在觀察眼前的事物後，媽媽還要啟發寶寶進行聯想，聯想生活中自己見過的其他相關或相似的事物，比較一下有什麼異同，找出異同的原因。這樣對於提高寶寶分析問題的能力大有幫助。

新媽媽育兒理論小百科

人學習知識的過程，是從觀察開始的。要提高寶寶的學習能力，發展寶寶的智力，不提高他的觀察力是不行的。而寶寶記憶自己觀察的事物，要比記憶爸爸媽媽直接教給他的知識要深刻得多。

因此，在生活中，爸爸媽媽可以運用這個遊戲引導寶寶多觀察，養成經常觀察的好習慣。

32 可愛表情十連發

有天帶阿里小寶出去散步，在小公園看到一個跟阿里長得頗為相似的同齡小孩，一種親切感油然而生，便上去逗弄他。

「寶貝，眼睛呢！」一個中年女子問那個孩子。孩子毫無反應的看著眾人，倒是阿里小寶拉了拉我的衣襬，轉身看他時，他的小眼睛一眨一眨的在回應那女人的問題。

「寶貝撅嘴，像奶奶這樣！」另一個中年女子在一旁逗弄。那孩子還是沒什麼反應，阿里小寶又忍不住拉我的衣襬，轉身時，他的小嘴高高撅起，左一下右一下扮著鬼臉。

我跟阿里小寶時常在家玩扮演各種表情戲的遊戲，所以他才會如此嫻熟的表演。倒是那個孩子，跟阿里小寶一般大，表情卻木木的。後來，聽旁邊的自稱孩子奶奶的女人說，原本這孩子表情很豐富，眨眼、撅嘴、扮鬼臉很逗人。只是最近孩子患了肺炎，住了十多天醫院，大病初癒，難免表情木訥。

「我們這個孩子原本可以的，都是這次生病惹的！」另一個年輕女子又說道。

我原以為圍在那孩子周圍的五個人都是如我般的觀眾，沒想到竟都是照顧這孩子的人。一個是孩

子媽媽的奶奶，一個是孩子的奶奶，還有一個姨娘，一個表姊加小孩的媽媽。這麼多人照顧一個孩子，想必那孩子是掉進了福窩了。再看看我們阿里小寶，只有媽媽獨自帶他，真是可憐。

不過，時間一長，我倒不再覺得那孩子幸福了。因為四、五個大人意見各自相左，這個說這樣，那個說那樣，弄得孩子的穿著不倫不類，吃飯也是，這個人做的是一個味道，那個人做的又是另一種味道，孩子還沒適應這種滋味，又讓他品嚐另一種，如此他的胃口沒有變好，反而是越來越壞。

每個人帶孩子的方式不一樣，所以這個穿衣那個脫褲也給孩子造成諸多身體的不適。加上幾個人餵一個孩子，這個想把自己手裡的東西餵一點給孩子，那個想把自己手裡的也餵一點，導致孩子的腸胃時常出現問題。更主要的是，幾個人看孩子，各自在孩子身上的專注力就會下降，以致這個被五個人圍著的孩子因為沒有被看好，時常摔得鼻青臉腫。

春節過後的某天又碰到那個孩子，依然是一大群人簇擁著，孩子現在一歲多了，卻仍然不會走路。我想這個抱一下那個抱一下，孩子嘗試自己走的機會就少了，這大概就是孩子到現在還不能邁開腳步的原因。跟臉蛋圓鼓鼓的阿里小寶相比，那孩子瘦得一把骨頭。他的奶奶告訴我，孩子最近拉肚子，拉了快一個星期，整個人一下變得都快沒形了。

想來，阿里小寶由我獨自照顧，還從未得過如此嚴重的痢疾病。在這裡我並不是想要誇讚自己帶孩子多厲害，只是因為沒有幫手，只能由我自己把更多的精力放在照顧孩子上，所以他不會因為我的注意力不集中而造成各種摔傷；不管我做的飯菜是否可口，阿里小寶都是吃這樣一種口味，並慢慢成了習慣，他的飲食習慣，他的作息時間，隨之也就有了規律，不會因為某個人的介入而發生改變。

所以，我們一旦生了孩子，就常常以為要讓爺爺奶奶、外公外婆、嬸嬸舅媽一堆人照顧，以為這樣才能把這個孩子照顧好，那就大錯特錯了。**實質上人越多，孩子各方面受的影響可能更大，倒不如就固定的一兩個人來照顧，幫孩子形成好的作息時間和飲食習慣，如果很多人都想圍著孩子轉，三天兩頭來看看，但不要參與孩子的各種既已成型的習慣為好，否則對孩子一點好處都沒有。**

1、新媽媽的遊戲小道具

- 媽媽豐富多變的表情和寶寶可愛的小臉蛋及相機一部。

2、新媽媽的遊戲開始啦！

- 媽媽和寶寶面對面地坐著，讓寶寶觀察媽媽臉上表情的變化，媽媽每做一個表情的時候，都要引導寶寶明確說出是什麼表情，比如高興、生氣等。
- 等寶寶明白每個表情後，由媽媽發號施令讓寶寶做表情動作。剛開始媽媽說表情的時候可以先做示範，引導寶寶做出正確表情。
- 等寶寶會做出各種表情的時候，媽媽不再做示範，而是直接發號施令，並根據寶寶的熟悉程度，加快表情的變化節奏。
- 寶寶做表情的時候媽媽要給寶寶拍照，並給寶寶看，加強寶寶對表情的認識。

3、新媽媽新心得

- 透過這款遊戲可以讓寶寶很好地認識人的各類表情，增進寶寶和媽媽的親子關係。
- 遊戲時，表情的變化還可以讓寶寶知道人的情緒是有變化的，引導寶寶透過表情解讀別人的情緒。
- 媽媽給寶寶拍照的時候，不僅可以給寶寶增添樂趣，加強寶寶對表情的認識，「喀嚓喀嚓」的快門聲還可以很好地刺激寶寶的聽覺。
- 當寶寶做對表情時，媽媽一定要親一親寶寶，誇一誇寶寶，這樣寶寶才會更加自信，更加喜愛這個遊戲。

新媽媽育兒理論小百科

這個遊戲有寶寶喜歡且可以做出簡單的模仿的表情、動作等，既滿足了寶寶的興趣需要，又能充分利用模仿這一學習方式，說明寶寶認識各類表情，瞭解人的情緒是有變化的。

33 吐吐舌頭 一起來當「小頑童」

很多媽媽在一個家庭中總是扮演著重要的角色，她們操持家務、帶孩子、購物、拜訪親戚，各種事情做得滴水不漏，凡事都能獨當一面。遇到這樣的媽媽，時常讓我覺得羞愧，甘拜下風。

有天，幾位新媽媽聚會，其中一位便說起她認識的這樣一位媽媽。

這位媽媽放在廚房裡就是一位頂級廚師，她能自己做最可口的飯菜，能烤最美味的蛋糕麵包，甚至是讓很多媽媽知難而退的高級菜餚，她都能做得完美無缺。她抱著寶寶去購物，拎著一大袋東西，懷裡抱著寶寶，走路的樣子卻輕鬆的像什麼都沒拎。更關鍵的是，無論在家還是出門，她把自己打扮得美麗無比，何時何地都是辣媽味十足。

朋友說到這裡，我已經對她崇拜到不能自己，因為在我的意識裡，無論生育前多精幹多美貌的媽

媽，都會被孩子折騰到疲容滿面，形象慘澹。因為不諳世事的孩子，他們什麼都不會，衣食住行都得由媽媽來操弄，如此媽媽的時間一大半都被孩子佔去了，加上一些家事要做，如此留給自己打扮的時間久了便屈指可數。那位媽媽一個人帶孩子，能做各種美味餐點，還能把自己打扮得體貌端正，簡直太了不起了。

後來，好奇使然，我終於得到了認識這位媽媽的機會。確實，她看起來很美，孩子也被她打扮的很時尚。頗為崇拜的向她請教輕鬆應對生活的方法，她的說法竟讓我十分驚訝。

「妳有沒有感覺，自從有了孩子，一切都變得力不從心，感覺累，總想坐在沙發上再也別起來對不對。我一開始就這樣的。但我覺得不行，我才剛剛三十歲，我還有夢想、還有力氣、還有衝勁，為什麼生活就要因為孩子擱淺了呢？更何況帶孩子和做自己想做的事情並不衝突，於是，我就告訴自己，一定要跑起來。我就像上班一樣，每天規劃自己的時間，我該幾點起床，這一天該做什麼，我都在睡覺前例舉好，第二天便去踐行我的計畫。」她說。

「啊！這樣一定很累吧！」聽完她說的，我倒有點失望。

「一開始是，但慢慢成了習慣就改不了，現在我沒有了一開始帶孩子二十四小時圍著孩子轉，沒有了自己的空虛感，反而非常充實。在帶孩子的過程中，我提升了我的廚藝，學會了以前我想都不敢想的各種麵點，我因為拎東西、抱孩子，讓自己的力氣變得很大，體格似乎比以前好了很多。有了孩子，我不邋遢，過得依然如過去那般漂亮。現在我還代理了一家網路商店，每天也有收入。有一個漂亮的孩子，有收入，各種能力沒有落後，反而增加了一些技能，瞧，生活多充實，我幹嘛一天到晚還灰頭土臉的？」

「妳的心態真積極，應該從沒有在心裡有過陰霾吧？」我佩服的問道。

「當然也有啦，累得要死，老公又不懂得體貼，孩子難免又很頑劣。這個時候，我就會對著孩子使勁做鬼臉，就像個不懂事的孩子一樣，有時還用手蹂躪他的臉蛋，讓他變成豬鼻子，這種詼諧的排解方式很有效，等我做過了鬼臉，揉捏過他的臉蛋，讓他變成豬八戒後，我的所有陰霾也就隨之消失不見了。哈哈。」

聽她講完，我真是自愧不如。時常聽到一些媽媽抱怨帶孩子累，丈夫不體貼。實質上我們只是看到了累得一面，未曾留意我們在這個過程中收穫的東西。女人要活得漂亮，就應該像這位媽媽一樣，看到自己每個階段所得到的，並努力克服困難，追逐夢想，不依賴任何人，充實的過好每一天，即便有陰霾也能用詼諧的方法來排解，真是個高人媽媽啊！

回來路上，我摩拳擦掌，以後阿里小寶再頑劣搞得我幾盡風度盡失時，我也要像那位媽媽一樣，用詼諧幽默的排解方式來輕鬆對待生活施加給自己的任何壓力。

1、新媽媽的遊戲小道具

- 媽媽們和乖寶寶可愛的臉。

2、新媽媽的遊戲開始啦！

• 媽媽和寶寶面對面坐著，媽媽對著孩子吐舌頭，並教寶寶模仿。

• 讓寶寶抓媽媽的耳朵，當寶寶抓著媽媽的耳朵時，媽媽搖晃著腦袋對著寶寶吐出舌頭，做鬼臉。等寶寶熟悉後，媽媽和寶寶互換角色玩。

• 讓寶寶去摸媽媽的鼻子，當他摸到媽媽鼻子時，媽媽使勁皺眉，做出各種搞怪表情，之後媽媽和寶寶角色互換。

• 媽媽對著寶寶瞪著眼睛，使勁鼓起腮幫子，並將寶寶的兩隻小手放在腮幫子兩側，輕輕地擠壓腮幫子，然後往外吐氣，接著換寶寶來做這個鬼臉，媽媽用手去摸寶寶的腮幫子。

3、新媽媽新心得

• 剛開始，媽媽吐舌頭時，速度要比較慢，以便寶寶能夠完整地觀察到媽媽吐舌頭的全過程，並學習模仿。

• 和寶寶玩這個遊戲時媽媽要讓寶寶出於主導地位，當寶寶學會動作時，讓寶寶自己做，從而從這種遊戲中獲得一些愉快的體驗，並嘗試學習媽媽的動作。

• 和寶寶玩這個遊戲的時候，要鼓勵寶寶創造性地玩出更多的鬼臉花樣。

新媽媽育兒理論小百科

這個遊戲不僅可以活躍家庭氣氛，也可以鍛鍊孩子的模仿能力和表達能力，更是能培養寶寶的幽默感，使寶寶更容易融入他周圍的環境，為周圍人群所接受。

34

認識可愛的「表情娃娃」

因為實在想出去工作的緣故，我跟老公商量後，將阿里小寶提前送進了幼稚園。

之前，為了他順利入校，且能接受更好的教育，我跟他爸爸做了不少努力。先是選擇學校，為了接送方便，必須選擇跟爸爸或者離家較近的學校，可是這些地方又沒有特別滿意的。最後，我們不得不商量先選擇好的學校，然後我就在這學校附近找工作，這樣上班接孩子都能兼顧。

總算是把學校的事情搞定了，接下來就是給阿里小寶選擇學習用具了。

阿里小寶是典型的金牛座小倔牛，他喜歡的事情，不用說都能做得很好，一旦有些事情他不願做，即便施盡全力也沒法說動他。就說選書包這件事，原本我是給了他選擇權，讓他自己挑一款自己喜歡的，可是阿里小寶卻偏偏看上了一個國中生的大書包，即便我跟他再三強調那個只能等他上國中才

能背，可是他完全不理會，非得要這一款。看著那款跟他身高基本持平的大書包，我幾近氣結。後來，我跟他達成協議，必須要買幼稚園小孩背的書包，至於這一款也可以買下來，做為以後出去旅行專用，因為得到了自己心愛的東西，阿里滿心歡喜的答應。

到了選購用具，阿里也是毫不客氣的選擇他喜歡的，至於我挑選的，個個都被他搖頭否定。我一旦堅持，他就搬出平時慣用的伎倆，撅嘴、假哭。所以我只能按照他的意願一樣一樣買。等我拎著一堆東西牽著他回到家時，已是累得半死，正在做晚飯的老公瞄一眼這些東西，給出的評價是：華麗有餘，實用不足。

沒辦法，誰讓孩子太有主意，什麼都要按照自己的喜好走呢？

開學的第一天，阿里配合得蠻好，叫他起床時，也沒有像以往那樣賴在我懷裡做過渡，相反是很快爬起來，並配合著我快速穿好了衣服。

看到老師後，他也是很聽話的跟對方打招呼問好，我離開時，他還很大聲的跟我說再見。我想，兒子美好的求學路因著他堅強的個性拉開了帷幕。

下午去接他放學，詢問老師孩子是否聽話，老師的回答出人意料：妳家孩子很喜歡算術課，很多數字別的小孩認很多遍都認不了，可是他跟著唸一遍就會了。只是玩表情遊戲時，他也太誇張了，大聲的哭、拍著胸脯笑、驚訝的時候嘴巴張那麼大、做冷的動作時又是跺腳又是搓手呻吟的，我都被他的誇張嚇到了。這麼小一點，怎麼就能領會這麼多表情呢？

老師的一番話，把我逗樂了。阿里爸爸是個喜歡搞怪的傢伙，平時被開水燙一下，都要尖叫跺腳，與阿里小寶玩各種表情遊戲時，他也是時常表現得過分誇張，阿里小寶做為授受者，自然是全盤吸收。記得去跟他買學習用具回來路上，阿里小寶不小心摔了一下，他就很大聲的哭，並雙手誇張的搓揉著磕碰的地方大聲喊痛，那樣子一點都不讓人心疼，反而心生厭煩。想來阿里受老公影響，斯文掃地，做為媽媽都受不了，嚇到老師那更是情理之中。看來，得好好調整阿里這一行為才行，雖然孩子在遊戲中快樂無可厚非，但如果表演的太過誇張讓人受不了也不行。

1、新媽媽的遊戲小道具

- 哭、笑、怒、驚等表情圖譜一組。

2、新媽媽的遊戲開始啦！

- 媽媽拿出表情圖片讓寶寶指認每一個表情，然後媽媽簡單說一下各個表情的含義及出現場合，告訴寶寶哭、笑、生氣有一個共同的名字，叫表情。
- 等寶寶熟悉各個「表情娃娃」後，媽媽先以故事導入，和寶寶表演「碰碰船」，媽媽和寶寶扮演小船，碰到一起了，然後媽媽拿出一個表情圖片，並引導寶寶也挑一個相對的表情圖片。
- 媽媽可以問寶寶：「當寶寶摔倒時，寶寶除了會哭、生氣外，寶寶還會怎麼樣呢？」並引導寶寶說出「害怕」、「痛」等各種情緒體驗，然後媽媽一邊做表情一邊問寶寶是不是這樣，並讓寶寶挑選一個相對的表情圖片，以此來豐富寶寶對表情的認識。

3、新媽媽新心得

- 這個遊戲可以讓寶寶很好地觀察人的臉部表情，知道可以從人的表情中瞭解別人的心情。
- 有的時候寶寶並不能完全掌握各個表情的含義，爸爸媽媽不可太著急，而是要透過這個遊戲循循善誘，引導寶寶認識表情。
- 當寶寶做對的時候，爸爸媽媽要很好地表揚寶寶，做錯的時候不要馬上批評、指責，要對寶寶有耐心。
- 遊戲過程時，爸爸媽媽要盡量引導寶寶透過表情來表現自己的心情。

新媽媽育兒理論小百科

透過這個可以讓寶寶看到更多別人的表情，體會遊戲時的心情，為寶寶以後的人際交往奠定基礎。但爸媽在做表情戲時不要太誇張，以免被孩子全盤吸收。

35

一起來唱「表情歌」

阿里小寶去舅舅家玩，舅舅的二女兒吉吉是個語言能力很不錯的小孩，她從一歲開始就能說五個字以上的話語，到了三歲多，話語能力如同大人一般，借用她奶奶的話就是沒有她不知道的，沒有她說不上的。

阿里小寶一進舅舅家門，吉吉就落落大方的問我們好，然後拉著小阿里，說要跟阿里小寶一起唱「表情歌」。

「有個娃娃很開心，咧開嘴巴笑一笑；有個娃娃很傷心，撇撇嘴角哭一哭；有個娃娃很害怕，張開嘴巴喊一聲……」小姊姊落落大方的在阿里面前表演起來。

「不對不對，這麼唱，乖寶寶，樂一樂，咧咧小嘴笑一笑，」阿里一聽姊姊唱得跟媽媽平時教的不一樣，提出反對。

「你唱得才不對呢！難聽死了！」小姊姊突然就生氣了，「離開，離開我們家，我不喜歡跟你玩。」小姊姊一生氣推搡阿里，阿里小寶沒有站穩，一屁股坐在了地上，於是哇哇大哭起來。

我原本以為兩個孩子會成為朋友，沒想到才幾分鐘的時間，就「大打出手」了。

阿里舅舅聽到阿里哭，明白怎麼回事後，抱起阿里小寶，數落了姊姊一通。吉吉一看爸爸抱著別人，還數落自己，發起了公主脾氣，一邊拉扯爸爸的衣襬，一邊眼淚嘩嘩的哭起來。

「妳推倒弟弟還有理了？妳是姊姊，要讓著弟弟，為什麼要欺負他呢？快向弟弟道歉。」阿里奶奶過去評理。小吉吉更是不依不饒起來：「我沒有錯，是他先對我不客氣的，奶奶妳偏心，我天天陪妳出去散步，這個小屁孩剛來我們家他做過什麼。」

一句話說得大人個個笑起來。阿里小寶因為說話還不是特別流暢，一臉無奈的盯著姊姊，不時加進去一句，「姊姊壞，壞。」可是很明顯從氣勢上他根本比不過吉吉。

我走過去跟他們講道理：「阿里不懂規矩，把姊姊弄哭了，你是男子漢，不能欺負女孩子，所以你要向姊姊道歉。」我蹲下來讓阿里向姊姊陪不是。一向聽話的阿里小寶倒是很快的做出了道歉反應。只是吉吉依然不領情，瞪一眼阿里小寶，完全是一副不和解的樣子。

「妳怎麼這麼不懂事呢？是妳錯在先，弟弟都跟妳道歉了，妳還要怎樣？」吉吉爸爸有些不耐煩了。「大家都別理她，讓她自己發脾氣去。」阿里舅舅說完，暗示我們都去餐桌坐。吉吉見大家都散去，便大聲哭鬧起來。在廚房忙的吉吉媽衝出來，不問青紅皂白就對吉吉爸爸一頓數落：「她才多大？你跟她講什麼道理，較什麼真？弄壞了孩子情緒等一會兒又不吃飯怎麼辦？真不知道你怎麼想的。」

這次的拜訪，自然因為兩個孩子鬧矛盾弄得有些不愉快。

想來，**做為父母尤其媽媽疼愛孩子也是無可厚非，只是這種疼愛都應該是有個節制的，太過嬌縱，孩子就會養成不依不饒的個性，時時處處別人都得隨著他的意思，一旦有所違逆，就會蠻橫無理起來，並沒完沒了。**這樣的個性如果一直得不到正確的引導，必然會影響他以後的人生。

小吉吉是個漂亮的小姑娘，語言天分也很高，如果大人能好好地教育她說一些更懂事更討巧的話，也許就更討人喜歡吧！只是處在媽媽這樣一個角色中後，我們時常會忘記怎麼正確教育孩子，不知道諸位新媽媽是否也有著這樣的意識？

1、新媽媽的遊戲小道具

• 可愛有趣好玩好做的「表情歌」一首。

2、新媽媽的遊戲開始啦！

• 媽媽和寶寶面對面站好，媽媽和寶寶拍手，先讓寶寶掌握兒歌節奏。

• 媽媽邊和寶寶拍手邊唱道：「乖寶寶，樂一樂，咧咧小嘴笑一笑，」並讓寶寶拍手，咧嘴微笑。接著媽媽再邊和寶寶拍手邊唱：「乖寶寶，哭一哭，撇撇小嘴眼淚掉。」讓寶寶做哭的表情和擦眼淚的動作。然後，仿照上面的做法依次和寶寶玩生氣、難過、驚訝的「表情歌」。

• 生氣的「表情歌」：「乖寶寶，愛生氣，皺皺眉頭小老頭。」寶寶做生氣皺眉的動作。難過的「表情歌」：「乖寶寶，好難過，咬咬嘴巴揉揉眼。」寶寶做難過的表情和咬嘴巴揉眼睛的動作。驚訝的「表情歌」：「好寶寶，真驚訝，大嘴張張眼圓圓。」寶寶做張嘴瞪眼的動作。

3、新媽媽新心得

- 喜歡音樂是寶寶的天性，音樂教育是促進寶寶全面發展的重要教育方法。這個「表情歌」遊戲在活動中發揮了寶寶的主體性，使枯燥平淡的歌唱教學變得更生動活潑和富有情趣。
- 讓寶寶聽兒歌，並讓寶寶嘗試用動作、表情來表現歌曲中的喜、怒、哀、樂等情緒的變化，剛開始對寶寶來說有點難度，但是三歲的寶寶已經有一定的思維能力，只要爸爸媽媽多點耐心和寶寶玩這個遊戲，寶寶一定會玩得非常好的。

新媽媽育兒理論小百科

根據各種不同的表情，用節奏鮮明兒歌啟發寶寶把身體當作道具，探索情緒的奧秘，更是讓寶寶很好地做到口、手、腳配合較協調一致，幫助寶寶成長。

36

魔鏡魔鏡 誰才是媽媽

週末，我跟老公帶著阿里小寶去公園玩。公園裡有一處沙坑，很多小孩都在那裡玩沙子。阿里小寶也加入其中。沙堆上扔著一個綠色的小鏟子，阿里小寶見沒人用，便拿起來鏟起沙來。正當他玩得起勁時，一個小女孩走了過來，

「這是我的，還給我！」小女孩雖然手裡已經有了耙沙工具，卻依然不願讓出一個讓阿里小寶玩。如果換作以往，阿里小寶肯定不會輕易還給人家。沒想到這次他倒是很快鬆手，任由小女孩拿走那鏟子。

此後，阿里小寶便是跟在那女孩身後，寸步不離的靠近她。

我十分好奇阿里小寶的奇怪舉動，向來他都是慢熱性格的孩子，不會主動黏著小孩玩的，今天到

底是怎麼了呢？

後來，我總算弄明白了原因，原來，那女孩右手多出了一根手指，那根手指長在大拇指根的位置，又細又尖，阿里小寶是好奇人家的手，這才跟著仔細觀察的。

我把阿里小寶帶過來，告訴他總是盯著別人是不禮貌的。阿里小寶倒是查看我的手來，接著又看看自己的，然後問我為什麼那個孩子的手跟我們不一樣，她是不是大灰狼變的？眼神裡明顯有嚇到的成分。

「為什麼說是大灰狼變的呢？」我不明白寶貝為什麼這麼想。

「大灰狼變成兔媽媽要吃了兔寶寶。」阿里小寶搬出了證據。他這麼一說，我突然想起，昨晚我們玩大灰狼和小兔子遊戲，我從抽屜裡翻出以前玩過的幾個尖尖的手指套戴在手上，然後去敲小兔子家的門。我想阿里小寶受此影響，將小女孩多出來的手指當成了我昨晚套在手上的道具，把遊戲和現實混淆了。

「寶貝，昨晚媽媽跟你玩的只是個遊戲，我扮演了大灰狼，你是小兔子。故事中的大灰狼用牠尖尖的手指甲打開了小兔子家的門鎖，可是小兔子用木棍把大灰狼打跑了對不對。」我跟阿里小寶解釋。

「哦，那她不是大灰狼，是在演大灰狼對嗎？」阿里小寶不敢確定的問我。

既然阿里問到這個問題，我想還是好好跟他解釋一下比較好。我告訴他，「小孩子還在媽媽肚子裡時，一開始就像一塊麵糰，沒有鼻子、眼睛、耳朵、手指，後來小麵糰吸收了媽媽吃進肚子裡食物的營養，開始長出頭髮、眼睛、耳朵、手指等等，但是有些小孩子看著自己的變化，一高興就讓自己多長出了一些東西，比如多出來一根手指、一個鼻子等，後來等他們發現時，已經來不及改變了。」

阿里小寶算是聽明白了，他問我：「那樣很醜，該怎麼辦呢？」

我告訴他，等那個孩子再長大一些後，就可以去做手術，讓醫生幫忙把多餘的手指拿走，這樣她的手就跟你的一樣了。

如此一來，阿里小寶從一開始的害怕變得同情起對方來。在看到一個小男孩搶走那女孩的鏟子時，他竟然義憤填膺的跑過去幫那女孩搶回了鏟子。我想，**對一個孩子來說，最需要的就是理解對方的痛苦，產生同情心，同情心可是一切友善品格的開始啊！**

1、新媽媽的遊戲小道具

- 一面乾淨明亮的大鏡子。

2、新媽媽的遊戲開始啦！

- 媽媽抱著寶寶，讓寶寶坐或站在大鏡子前面，媽媽叫著寶寶的名字，問寶寶：「媽媽在哪裡？」寶寶指著鏡子中的媽媽回答：「媽媽在這裡。」並引導寶寶注意觀察自己的臉。
- 等寶寶確定鏡子裡的媽媽後，媽媽暫時離開鏡子，接著做著鬼臉回來，讓寶寶看鏡子中「變形」的自己，問寶寶：「我是媽媽嗎？」同時注意觀察寶寶還能不能認出媽媽。
- 媽媽再次離開鏡子，可以自己做一個大灰狼的面具或者其他人物或動物形象來到鏡子面前，問寶寶：「我是媽媽？」如此反覆變化自己的臉或者做喜、怒、哀、樂等各種表情和寶寶遊戲。

3、新媽媽新心得

- 做鬼臉會往往讓寶寶覺得新奇、好玩，但是有些寶寶膽子小，因此媽媽的鬼臉或面具不要做得太猙獰，適度有所變化就好。
- 兩歲多的寶寶除了透過感知和操作活動認知世界外，多了一些思考成分，當他們看到鏡子中的媽媽和平時不一樣時，需要一段時間的思考，因此不能馬上回答出媽媽的問題，媽媽要有耐心。
- 此時的寶寶注意力持續時間十～二十分鐘，因此和寶寶遊戲時時間要控制好，一旦發現寶寶累了就停止遊戲。

新媽媽育兒理論小百科

這個遊戲可以很好地培養寶寶的觀察能力，讓寶寶明白人的表情是可以變化的，但是人是不會變的，從而讓寶寶對表情有更深一步的理解，為今後寶寶人際交往打下基礎。

37

看我在演誰？

有朋友開了一家雜貨店，給他賀喜時，他拿了不少面具送給阿里小寶，這其中包括大灰狼、巫婆、加菲貓、哆啦A夢、海綿寶寶等經典動畫角色。阿里小寶很喜歡，有時會把面具戴在臉上過來嚇唬我，我便裝得一本正經的問，「哎呀，海綿寶寶你看到我們家阿里了嗎？」這個時候，阿里就會摘下面具，一臉的憨樣。

偶然我也會心血來潮，把巫婆的面具戴在臉上，問阿里媽媽去哪裡了？這個時候，阿里都會趕緊扯下面具，看到媽媽的臉才會露出笑容。巫婆是我為阿里小寶選購的晚安故事書中常出現的角色，我原本以為年齡小小的他並不會對巫婆這樣一個負面角色產生懼怕，可是後來發生的一件事讓我以後再也不敢隨便嚇唬他了。

這天，阿里小寶打開媽媽的衣櫃，將衣服從衣架上一件一件扯下來，丟了一地。當我看到滿地狼籍時，他正在試穿我的一件衛生衣。我看到他學著我平時幫他穿衣服的樣子，先把兩個胳膊套進去，然後再試圖將頭塞進領口。

「你不知道嗎？這些都不是媽媽穿過的！是從鏡子裡爬出來的巫婆的，萬一……」我當時只是想讓他停止手裡的工作，配合我吃午飯。可是沒想到，我話還沒有說完，阿里小寶便開始驚恐萬狀地脫那件衣服，可是越緊張越是脫不下來，最後竟然大聲尖叫起來，嚇得我不得不趕緊扯掉衣服抱起他。

我的無心之過，讓我萬分後悔。因為從阿里小寶的臉色可以看出來，這次他真的嚇壞了，掛在眼角的淚水，更加表明了在我說出「巫婆」兩個字時他內心的恐懼。

聽老人說，孩子如果被嚇到，會產生很多不適，比如無心飲食，突然消瘦，精神委靡，甚至會有夜啼和睡不安穩等等問題的出現。我原本只是為了制止他的行為，沒想到的是孩子對「巫婆」這個來自故事書的角色如此畏懼。

為了這件事，我足足內疚了一個多星期。期間不停觀察孩子的不良反應。還好，阿里小寶很快就忘記了這事，並且該吃該喝一切正常。

大概很多媽媽對孩子的頑劣行徑實在無法制止時，不得不如我般搬出一些讓他們畏懼的人或物來嚇嚇他們，以此達到孩子服貼的目的。但是，聽育兒專家說，這樣的做法對孩子來說，實在是壞處多多。

嚇唬孩子會驚擾孩子的心臟，讓他們產生心跳加快的情況，這對心臟先天不太好的寶寶來說可是大忌。而且恐懼會讓寶寶精神高度緊張，血液會衝擊大腦，導致片刻的腦部空白，這對腦神經發育還很脆弱的寶寶來說，危害不下於頭部撞擊。

另外，緊張過後，孩子會產生疲軟無力的問題，精神會委靡，情緒的糟糕會導致身體一些病症的出現，比如發燒、嘔吐、驚悸、夜啼、說夢話等等，這些情況實在是不利於孩子的成長。

另外，做為大人，時常擔心孩子碰觸一些東西會產生危險，為了制止孩子去觸碰，也會用各種孩子可能畏懼的東西來嚇唬他，比如孩子想要玩水，大人怕水打濕衣服，或孩子掉到水裡，所以就會搬出有水怪或者其他鬼怪來嚇唬孩子，讓他對水退避三尺，可是這樣的行為雖然達到了大人的目的，對孩子來說，不但抹殺了他們探索事物的慾望，也會讓他們變得膽小，以後有什麼事情都不敢大膽嘗試，動輒藏在爸媽的身後，唯唯諾諾的不成樣子。

汲取教訓後，我開始用遊戲的方式讓阿里小寶明白，巫婆只是一種裝扮出來的角色，現實中並不存在。於是，我讓阿里爸爸裝扮成巫婆的樣子，手拿魔杖，而我則是受巫婆欺負的公主，阿里小寶來當解救公主的王子。最後的結局是阿里消滅了巫婆，成了英雄。

一開始阿里全當是遊戲來玩，慢慢的他體內的正義感就滋生了，以後在電視或故事書中看到或聽到有人受欺負的故事，他都會說自己要去解救他們。我想，在遊戲中讓阿里獲得快樂的同時，給他灌輸不怕困難，不懼邪惡的思想，對他膽量的提升是很有幫助的。

以下是一款類似的遊戲，新媽媽們跟孩子一起做做吧！

1、新媽媽的遊戲小道具

• 一個簡單有趣的小故事和一些玩具娃娃。

2、新媽媽的遊戲開始啦！

- 媽媽先給寶寶講故事，講故事時一定要讓寶寶掌握故事人物、情節，並記住故事中人物的簡單對話和動作，然後指導寶寶進行表演。
- 爸爸媽媽和寶寶一起表演，讓寶寶先挑選自己喜歡的角色，寶寶表演的既可以是活動的人或動物，也可以是靜止的花草樹木，爸爸媽媽盡量配合寶寶表演。
- 如果故事的人物比較多，可以用玩具娃娃來代替角色，在桌子上進行，爸爸媽媽只表演自己的角色，玩具娃娃的角色則由寶寶扮演，讓寶寶邊操作玩具娃娃邊做故事中的人物動作和對話。

3、新媽媽新心得

- 遊戲時，如果寶寶挑選角色時拿不定主意，爸爸媽媽就幫寶寶決定，當然這個角色最好是對白、動作比較簡單的。
- 爸爸媽媽指導孩子做故事表演遊戲，要把重點放在口頭語言表達、表情動作再現的能力上和作品情節發展上。
- 寶寶表演時，爸爸媽媽的喝采稱讚聲，會使他高興地重複他的遊戲表演，這也是寶寶內心體驗成功與歡樂情緒的體現。因此爸爸媽媽對寶寶的鼓勵不要吝嗇，要用豐富的語言和表情，由衷地表示喝采、興奮，可用拍手，豎起大拇指的動作表示讚許。

新媽媽育兒理論小百科

表演遊戲是寶寶透過模仿和想像，主要是運用語言、動作、表情進行表演，是寶寶的一種主動活動，雖說它是按故事規定的內容進行，但也可以讓孩子根據想像，增減故事的情節、角色、對話、動作等，如此會對寶寶的智力發展很有幫助。

38 兔子蹦，小狗叫 小豬有個怪鼻子

有天帶著阿里小寶出去玩，他看到貼在牆上的一幅美女圖片被人摳去了鼻子，很不解的左看看，右看看，最後他問我，為什麼這個阿姨沒有鼻子？

「大概阿姨的鼻子長得大了點，她覺得不好看，自己悄悄撕掉了。」我隨便說了一個理由。

「媽媽的鼻子最好看了，媽媽把妳的鼻子給她吧！」阿里小寶竟然很慷慨的讓我做出犧牲。

「可是那樣媽媽就沒有鼻子了，會很難看的！」我解釋。

「妳畫一個更漂亮的給自己啊！」原來兒子平時看我胡亂塗鴉，才想到這一招的。

有人說，在小孩子的眼裡，最漂亮的永遠是自己的媽媽。兒子說這句話的意思是媽媽的鼻子好看，可以給那個阿姨，媽媽畫的鼻子更好看，可以給媽媽自己。小孩子天真無邪，他們自然不知道什麼

是誇讚，這實話實說中自然少不了對媽媽的愛。

所以，那天我承諾，媽媽的鼻子還是留給媽媽自己，媽媽可以給阿姨畫一個更漂亮的鼻子。我沒有欺騙孩子，果真是畫了一個鼻子，很當真的貼在了那殘破的畫面上。畢竟，我是孩子最好的榜樣，我做什麼孩子看著呢！

這件事後，阿里小寶似乎對這種缺少部位進行補充的遊戲產生了很大的興趣。他時常會拿著卡片跑來，擋住小狗的一隻眼睛問我，這狗狗缺什麼，當我告訴他缺一隻眼睛時，他會猛然把手拿開，並快樂的笑起來。

我已經很久沒有找到跟寶寶一起互動好玩又開心的遊戲了，於是靈機一動，隨便塗鴉畫出一些事物，故意讓畫中的人或動物少一隻眼睛、或一隻耳朵，然後讓阿里小寶告訴我缺了什麼。從一開始的思考很久，很快阿里小寶就變得輕車熟路起來，他會很快的告訴我是缺了眼睛，還是耳朵。慢慢的我們涉及的事物越來越多，比如月亮缺了一角、花朵少了一個花瓣、貓貓左邊沒鬍鬚、房屋缺少一塊玻璃等等。

後來，我們又開始玩找不同的遊戲，畫出簡單的畫面，找出對照的兩幅圖中不同的地方。玩這一切時，我並沒有抱太大的希望，即便阿里小寶討厭這樣的遊戲，或者根本就找不出來都沒關係，只要給他嘗試的機會，總比從來不試要好得多。

出乎我意料的是，阿里小寶竟然很喜歡玩，從一開始的笨拙到駕輕就熟也不過是幾天的日子。**孩子的學習能力真的超出我們的想像，只有懶惰的父母，沒有不聰明的孩子，我們以為有些事情太難，孩子根本學不會，其實錯了，你只要敢教，他們就能學會。除非他們確實對這些事不感興趣。**

1、新媽媽的遊戲小道具

- 準備好小兔子、小狗、小豬三種動物圖片及玩具。

2、新媽媽的遊戲開始啦！

- 遊戲開始時，媽媽先拿出小兔子的圖片讓寶寶仔細觀察，並說道：「小兔子跳一跳。」讓寶寶做蹦蹦跳跳的動作。然後再依次出示小狗、小豬的圖片，讓寶寶觀察並教他說「小狗叫汪汪」和「小豬小豬有個怪鼻子」，然後再把三張圖片放在一起，讓寶寶區分牠們的不同之處。
- 寶寶看完圖片認識各種小動物後，媽媽將玩具小兔、小狗、小豬分別放在圖片前。媽媽指著各種動物圖片及玩具，問寶寶：「這是什麼？牠叫什麼？」媽媽要引導寶寶說出來並做出動作。
- 媽媽再進一步要求寶寶將玩具與圖片配對做「找朋友」的遊戲，可將圖片與玩具分別放在兩處，讓寶寶自己去選擇玩具與同樣的圖片放在一起，若是放對了，就請他說出動物的名字，學叫聲。

3、新媽媽新心得

- 遊戲的過程中，若寶寶能說出小動物的名稱並學會各種動物的叫聲，媽媽應即時表揚。當寶寶回答不出又不會學叫聲時，媽媽再說出動物名字及叫聲，再教他一次，鼓勵再做，讓寶寶重複模仿，直到他學會。

- 三歲的寶寶早已懂得察言觀色，對表情有了一定的認識，媽媽以愉悅的心情對寶寶說話，寶寶會因看到媽媽高興的樣子而做得更好。

新媽媽育兒理論小百科

在這個遊戲中可以讓寶寶在玩的歡樂中增進認知，同時培養想像力和表達力。當然在和寶寶對話的時候，如果能夠引導寶寶說完整的句子，嘗試使用剛學到的詞彙，這樣的遊戲就是一堂精彩的語言課。

39

酸甜苦辣趣味多

有天，趁我炒菜，阿里小寶偷偷拿走了放鹽的調味盒，並把裡面的鹽當成白糖吃了一大口，嚐出滋味後，阿里小寶流著口水，一臉難受的樣子，差點讓我笑岔了氣；這事結束沒幾個小時，阿里小寶又把食醋誤當成爸爸的可樂，滿滿一口下去，才知道自己犯了多嚴重的錯，於是尖聲叫嚷著讓我拿水給他。

其實，最近給阿里小寶指認過很多東西，比如鹽、白糖、食醋、醬油、麵粉、奶粉等等，並一一告知他這些東西味道和作用。只是大概太小的緣故，阿里小寶依然無法準確區分這些東西，以致會出現以上種種失誤。

記得婆婆說，**兩歲多的小孩子雖然對事物的辨別能力不太高，但味覺很發達**，比如他們第一次吃的橘子是酸的，第二次他們就不會輕易塞進嘴裡去嘗試。果真，自阿里嚐了酸醋的苦，以後再拿起爸爸的可樂瓶子就不會莽撞送進嘴裡了。

後來，我便不再那麼小心謹慎，有些東西只要是無毒無害的，我就放手讓阿里小寶品嚐，嚐到滋味後，阿里小寶便牢牢記住有些東西並不怎麼好吃，以後就不再輕易塞進嘴裡了。

只是讓我終生難忘的是阿里小寶對母乳的依戀。可能是我比較瘦弱的緣故，加上阿里很能吃，以致於阿里出生後，我一直都沒有充足的奶水供他享用，只能採用混合餵養的方法。只是深知母乳滋味的阿里小寶對奶粉沒有任何的感情，即便有時餓得哇哇大哭，也不願喝一口牛奶。

後來婆婆建議乾脆給他斷奶，這樣他不再依賴那點母乳，自然就會喝牛奶吃副食。但是，斷奶嘗試很快以失敗告終，因為斷奶第一天阿里小寶什麼都不吃，只是不停地哭鬧，到了晚上時實在於心不忍的媽媽我只能重新讓他吸奶。第二次的斷奶跟第一次狀況雷同，只是這一次我下了決心一定給他斷奶，算是成功收場，只是心不甘情不願接受牛奶的阿里小寶整整拉了一個星期的肚子，中間還出現發燒情況，可見斷奶給他造成的影響有多嚴重。現在阿里都快三歲了，偶然還是吵著要吸母乳，即便吸不出奶水來，但只要讓他去吸母乳，內心就像得到了某種安慰一樣。

我想，阿里小寶之所以留戀母乳，是因為剛出生的孩子其他能力雖然不發達，但味覺能力很強，母乳是他一出生就品嚐過的東西，吸的時間越長，他對母乳的記憶就越深刻，不讓他吸，相當於讓他斷了這種記憶，那短期內怎麼可能。所以，他才會拒絕母乳以外的其他食物。

透過這件事，我對婆婆所謂孩子一開始味覺比較發達這樣的話更是深信不疑，新媽媽們是不是也可以利用孩子的這一能力，放心讓他們品嚐一些味道，達到認識事物的目的呢？

1、新媽媽的遊戲小道具

- 小碗、小勺、白醋、白糖水、鹽水、白開水等。

2、新媽媽的遊戲開始啦！

- 媽媽準備小碗、小勺，在裡面分別放入白醋、鹽水、白糖水、白開水後，先讓寶寶聞一聞，說說是什麼味道。
- 媽媽先品嚐這些液體，品嚐時邊做出相對的表情讓寶寶注意觀察，邊告訴寶寶是什麼味道，讓寶寶對這些味道有一個直接的認識。
- 媽媽給寶寶品嚐這些液體，告訴寶寶這些液體的名稱和味道，讓寶寶自己也學會分辨，再說出來，並記住它們。

3、新媽媽新心得

- 寶寶的嗅覺和味覺在一週歲之前基本上已經發育完全，這是他們探查世界奧秘、認識外界事物的重要途徑。
- 寶寶的味蕾在舌面的分佈比大人更廣，味覺更敏感、更豐富，因此爸爸媽媽不應以自己的喜好或標準為寶寶稀釋液體，液體的濃度要在自己剛剛能品嚐出就行。
- 在遊戲時，爸爸媽媽一定要和寶寶做好互動，鼓勵寶寶多嚐多說。

新媽媽育兒理論小百科

嚐味遊戲可以很好地鍛鍊寶寶嗅覺、味覺的敏感性，還可以豐富孩子的語言表達能力，增加寶寶的生活知識，增進親子感情。

40

「水果娃娃」笑哈哈

有天，阿里小寶自己拿遙控器尋找電視節目，一邊按，一邊嘴裡唸叨：這是上，這是下，這是左，這是右。他說得並不是很快，每次要說「上」或者「下」時，都要先看看遙控器按鍵是對著自己的頭部，還是腳部；說左、右時，拿出自己的小手來判斷。其實，他之所以能判斷上、下、左、右，依仗的是爸爸給他教過的笨辦法。

為了培養阿里小寶的動手能力，在他兩歲多時，我跟老公就讓他做一些力所能及的事情，比如自己脫衣服、脫鞋；幫媽媽拿掃把和垃圾桶；幫爸爸拿手機等等，隨著這些小勞動對他的鍛鍊，阿里小寶的手越來越靈活，慢慢地我開始教他自己穿衣服、穿鞋，可是，有個頭痛的問題，阿里小寶因為分不清左右，時常把左邊的鞋子套在右邊，褲子也是不分前後。雖然我教他很多次，可是等到他自己完成時，依然是左右不分。後來，老公就用最笨拙的辦法，強行他記住，拿筷子的那隻手是右手，

對應往下，那個就是右腳，鞋子擺在一起看鞋腳尖是否向內靠攏，如果是，把右邊的一隻穿在右腳上，把左邊的一隻穿在左腳上。

經老公一番調教後，阿里小寶終於笨笨地掌握了這個方法，以後但凡看到要分左右的東西，就要仔細的區分起來，看著他一臉思考的樣子，真是超級可愛。

阿里小寶換頻道時，看到某臺正在播放《蠟筆小新》的動畫片，此時，電視裡的小新正在區分哪個是大盒子，哪個小盒子，不過，思考半天後，他卻指著一個大盒子說那個是小的。

「是大的！」看到這裡，阿里小寶突然大聲的幫對方糾正，以為電視裡的小新能聽懂一樣。看見對方依然堅持說大盒子是小盒子，阿里小寶著急的轉向我，「媽媽，那個是大盒子！笨蛋！」

「他太小了，還不知道哪個是大，哪個是小。但是我們阿里知道對不對，你真是個棒小孩！」我誇讚阿里小寶。他對大小的區分讓我有點意外，因為這之前我跟老公未曾教他區分，難道到快三歲時，孩子對於這些大小、長短、方圓的東西就能自己區分開來嗎？查看資料，果真如此。

晚上吃飯，兒子拿了一根香蕉給爸爸，說這是一隻微笑的眼睛，讓爸爸把這個微笑的眼睛送給最愛的女人。老公不明就裡，我跟他解釋說，這是我跟阿里玩水果拼圖遊戲時用過的道具。弄明白後，老公拿了香蕉送到我面前，可是阿里小寶不幹了，他說，「媽媽是我最愛的女人，你不能再愛！」

「可是寶貝，媽媽也是爸爸最愛的女人啊！」爸爸耐心的說。

「不可以，你最愛的女人應該是奶奶！」兒子依然堅持。

在一旁聽父子對話的我，自然感動不已。好孩子，他不但已經學會區分男女，也學會怎麼去表達自己的愛了，這種愛無私又全心全意。讓聽到此話的媽媽，深深有一種帶孩子再怎麼累也值得的感覺。

1、新媽媽的遊戲小道具

- 一個盤子，橘子、香蕉、蘋果等水果，一枝筆。

2、新媽媽的遊戲開始啦！

- 媽媽可以選擇橘子，用筆在橘子上畫出眼睛，配合橘子上原有的凹凸部分，表達出驚訝、微笑、憤怒等心情表情。邊畫的時候還要邊和寶寶討論哪種效果比較好，拼出來的臉是什麼表情。
- 媽媽示範完後，放手讓寶寶用筆在水果上作畫，等寶寶做好臉後，媽媽要提問寶寶他做的是笑臉還是哭臉，還有沒有其他方式來做臉呢……還可以鼓勵寶寶用水果拼出不同表情的臉。
- 除了拿整個水果來做遊戲，媽媽還可以把各種水果切成不同的形狀，再讓寶寶一一認識這些水果，並用這些水果自由組合，這樣得到的效果和用整個水果拼出來的又不一樣，增強趣味性。
- 當寶寶拼出一張臉後，媽媽要問寶寶這是什麼表情，並引導鼓勵寶寶回答人們在什麼樣的情況下會出現這樣的表情。

3、新媽媽新心得

- 透過這款遊戲，媽媽可以在輕鬆有趣的環境下很好地引導寶寶認識各種水果，增加寶寶的知識量。
- 無論寶寶用水果拼出來的「臉」多麼奇形怪狀，媽媽都要誇獎寶寶，並進一步引導寶寶拼得更好更像樣。
- 遊戲的過程中，寶寶有可能會經不起水果的誘惑，把水果吃掉，這時媽媽要即時誘導寶寶再用其他水果來補全「水果臉」。

新媽媽育兒理論小百科

這款遊戲不僅能加強寶寶對表情的認識和理解，還可以增加寶寶對平時生活當中常見事物的關注，更是可以激發寶寶的創造力和創新能力。

第五章

動一動，能幹寶寶快樂多

二～三歲寶貝遊戲

41 小兔子拔蘿蔔

晚上，阿里小寶拿來一本書，告訴我說那是一本大人小孩都能看的好書。從他手裡接過來看，立即被優美的文字和漂亮的圖畫吸引。故事講一個叫紅果果的小兔子去森林找一個女巫，可是，女巫不是那麼好找的，牠要歷經黑鬼、樹怪、水巫、山魔的種種追殺才能到達女巫那裡，並從對方家的花園裡憑藉自己的智慧拔出一根蘿蔔。牠要用這個蘿蔔做什麼用呢？故事結尾揭開了謎底：蘿蔔有魔力，它會讓紅果果的爸爸賺很多的錢，這樣她的媽媽就不用出去工作，不用出差，如此媽媽就有時間一直陪在紅果果身邊了。

兒子在我唸到結尾部分時便睡去了。而我倒是被這個故事吸引又多看了兩遍。

第二天早上收拾齊備後，帶著阿里小寶去學校。一向乖巧懂事的阿里今天突然提了要求：媽媽，妳跟我一起去幼稚園學習吧！

「不行的，媽媽還要上班！」我告訴他。

「讓爸爸上班就好了！」兒子停下腳步。

「不可以，爸爸賺的錢太少，養不活我們，媽媽要努力賺錢，才能讓寶寶過更好的生活！」我蹲下來耐心跟他說。

「沒有錢，可以去銀行取一點！」兒子一臉天真。

我想如果我們繼續將這個話題進行下去，兒子上學一定要遲到了。

「寶寶乖乖，媽媽晚上早點下班來接妳，好不好！」我拉起他的小手。

「好吧！」兒子往前走了兩步，然後又停下來說，「妳就在家等我吧！上班太辛苦了！」

「這一整天媽媽要幹什麼呢？」我笑著問他。

「妳可以喝喝咖啡，呃，敷敷面膜，還有，看看電視，可以睡午覺，嗯……再做做瑜伽，很快天就黑了，妳就可以來接我了啊！」阿里小寶竟然將我的行程排得滿滿的。心裡突然很酸楚，媽媽在做什麼？孩子看在眼裡的。也許他每天看著我火急火燎的往他的學校趕，急急忙忙的為他準備餐點，晚上還要抽空洗衣服，覺得太辛苦，於是，他將我平時偶然所做的一些休閒活動全部羅列出來，讓我好好的去享受一天。

「謝謝你寶貝！媽媽很喜歡你安排的這些活動！」我牽著他的手繼續往前走，心裡卻很溫暖。

「妳還是要去上班去的。我能找到女巫，拔下蘿蔔就好了！」阿里小寶有點沮喪。

原以為他睡著了，沒有聽完結尾，沒想到他竟然記住了故事，還要為我做這件事。我鼻子酸酸的，眼淚差點就掉落下來。

去公司上班的路上，突然充滿了力量，為了給懂事的阿里小寶更好的生活，自己一定要更加努力才行。

1、新媽媽的遊戲小道具

• 小白兔的頭飾兩個，蘿蔔圖片若干個，籃子兩個。

2、新媽媽的遊戲開始啦！

• 媽媽先在家裡的一個空地上佈置一塊蘿蔔田，然後媽媽和寶寶戴好頭飾，分別扮演兔媽媽和小兔子。

• 兔媽媽對小兔子說：「兔寶寶跟媽媽拔蘿蔔去吧！」然後兔媽媽在前面帶領著小兔子蹦蹦跳跳往場地前進。

• 到了場地後，兔媽媽說：「我們到蘿蔔田了哦，快拔蘿蔔吧！」然後媽媽做拔蘿蔔的動作，讓小兔子也模仿兔媽媽的動作，兔媽媽和小兔子一邊拔蘿蔔一邊唱道：「小白兔乖乖，跟著媽媽拔蘿蔔。豎起耳朵使足勁，一下拔出大蘿蔔。」

• 兔媽媽假裝拔出了蘿蔔「哎呦」一聲摔倒在地，然後引導小兔子把蘿蔔裝進籃子裡，再引導兔寶寶蹦蹦跳跳地回家。

3、新媽媽新心得

- 寶寶在兩歲左右已經能夠依靠雙腿的力量使身體跳起，兩～三歲是寶寶跳躍能力發展的初期，但是寶寶基本上是用腿的蹬伸來起跳，蹬伸的力量比較弱、速度慢，不會擺臂助跳，或者無意識地自然擺動雙臂，但是雙臂幅度小，方法不合理，與腿的配合不協調，媽媽對寶寶的蹦跳動作不要要求太高。
- 遊戲時，在起跳前，媽媽一定讓寶寶做好正確的姿勢。首先，兩腳稍稍分開，呈半蹲狀，小屁股微翹，攥緊小拳頭，然後開始起跳，這樣寶寶在跳躍過程中，不容易扭傷。
- 免媽媽假裝摔倒可以增加遊戲的趣味性，讓寶寶更加喜歡這個遊戲。

新媽媽育兒理論小百科

跳躍訓練對寶寶好處多多，可以鍛鍊寶寶的運動能力，還能讓寶寶情緒高漲，心情愉快。寶寶在遊戲中用雙腳向前行進跳，鍛鍊腿部力量，並使寶寶懂得遵守遊戲規則，感受參加遊戲的樂趣。

42

嘟嘟嘟，開汽車

週末起個大早，準備給阿里小寶做頓可口的餐點。

雖然從他兩歲開始，我們曾嘗試讓他吃一些大人吃的飯菜，只是阿里小寶有些挑剔，對於美味且帶湯的飯菜他會比較感興趣，像甜點、綠葉蔬菜及鹽淡較硬的食物，他卻十分排斥。基於這個原因，他在三歲前的主食便以軟飯、麵湯、湯品（菌類、雞、魚）為主。

做為媽媽，時常看著孩子吃這些一成不變的東西，會神經質的擔心，他是不是已經吃膩了？於是，經過一番搜羅後，我在網路上終於找到了四百多種適合寶貝的美味餐點。

所以，這個週末，我決定照著這些食譜為他做一頓不一樣的早餐出來。

烤餅乾是第一個工作。接著是數字蛋餅，隨後是蜜豆粥。

工作做起來並沒有提供者所講的那麼簡單，就餅乾這一項，花了我足足兩個小時的時間，數字蛋餅因為趕時間，自然已面目全非失敗告終，蜜豆粥也是技巧不到家弄得有點不倫不類。

這期間，阿里小寶穿著他的小圍裙，戴著廚師帽，踩著板凳，名義上給媽媽幫忙，實則搗亂為主。他自己拿麵糰做了一個長條，說是數字一，接著又做了一個抽象派的圖形，說是汽車。還學著平時我們遊戲時的樣子，嘴裡嘟嘟嘟喊著，說要開著車車去外婆家。

我為自己失敗的手藝有些沮喪，自然無心理會阿里小寶的各種淘氣。只是出人意料的是，等這些失敗的餐點擺上桌後，阿里小寶竟一掃而光，嘴裡還含糊不清的要求媽媽再做一份，這讓我信心倍增。

只是後來翻看營養日記時，發現，儘管三歲的寶寶腸胃發展已趨於穩定，但也不適宜吃太乾或太油膩的東西。多喝水，多吃帶湯的食物，多吃綠葉蔬菜，多吃胡蘿蔔、蘿蔔、馬鈴薯等維生素、纖維和澱粉含量多的食物，對他們的身體來說更有益處，所以，專業人士的看法是，煎蛋不如水煮蛋營養好，而蒸蛋比水煮蛋更利於身體的吸收。烤出來的餅乾，雖然沒有添加劑，但因為高溫烘焙的過程中，有些營養被破壞，也只適宜做飯後小點食用，不能做為主食。

如此看來，**早餐的搭配還不能隨心所欲，得考慮營養性和健康性。**

1、新媽媽的遊戲小道具

• 媽媽準備小圓圈兩個代表汽車方向盤或可以用硬紙板剪兩個「方向盤」。

2、新媽媽的遊戲開始啦！

• 媽媽和寶寶一人拿一個小圓圈，媽媽對著小寶貝說：「小寶貝，我們開汽車哦！」然後媽媽在前面抓著方向盤「滴滴答答」地往前開，讓小寶寶在後面模仿。

‧ 等寶寶知道怎麼開汽車的時候，媽媽可以告訴寶寶汽車有時快、有時慢。快的時候就讓寶寶用跑的，慢的時候用走的，媽媽並示範跑與走的動作，讓寶寶根據自己的身體條件自由調整步伐。

‧ 遊戲的時候可以讓寶寶一個人開，也可以載客人。寶寶載客人的時候，媽媽雙手搭在寶寶的肩上扮演乘客。

‧ 如果爸爸也在的話，爸爸媽媽可以手拉手搭一個「山洞」，讓寶寶開著汽車鑽過去，增加遊戲的趣味性和互動性。

3、新媽媽新心得

‧ 爸爸媽媽要注意場地是否夠大避免寶寶因為不小心互相碰撞或是撞到家具而受傷。

‧ 遊戲時，爸爸媽媽要充分發揮自己的創造力，幫寶寶設置一些「障礙」，增加遊戲的趣味性，還可以增加親子間的互動，讓寶寶和爸爸媽媽之間多做交流。

‧ 寶寶在跑動的過程中，爸爸媽媽不要走遠，盡量跟緊寶寶，保護寶寶的安全。

新媽媽育兒理論小百科

這個遊戲可以讓寶寶在趣味的玩耍中區分走與跑的不同，在快與慢的節奏中學習掌控自己的肌肉，還可以增進親子之間的感情。

43 你跳我跳，捉影子

週末，帶阿里小寶去小公園玩，走在路上，阿里突然淘氣，過來踩我的影子，嘴裡還喊：「踩到媽媽了，踩到媽媽了。」我配合著他的踩踏，嘴裡喊，「哎呀我的腳，哎呀我的胳膊，壞蛋，你踩壞了媽媽的鼻子了。」阿里聽見我的叫喊，自然得寸進尺。我不甘示弱，先是躲，後來跑開，不讓他踩到。天真的阿里小寶便跑過來追我的影子，我停下來，他便用手按住我的影子，以為這樣影子就跑不了，按住後，又不忘跳起兩隻腳使勁踩。讓一旁的我看得直想笑。

一番折騰後，阿里小寶突然喊肚子痛。中午他只吃了三塊小點心，不願再吃午飯，不管我如何軟硬兼施，他都以自己很飽，再吃會撐破肚皮拒絕進食。可能是飲食不好導致了腸胃的不適，所以才會出現肚子痛的情況。

孩子不吃飯，讓我這個做媽媽的著實頭痛不已。在孩子不願吃主食，更愛把零食當正餐的情況下，做為媽媽更加擔心，不時就會產生錯覺，我的孩子是不是明顯沒有同齡孩子高？智商好像也差了對

方一大截；發育不好身體是不是出了什麼毛病？這是我週期性不斷要問自己的問題。倒是後來，朋友給了一個檢測孩子發展標準的公式，這樣的疑慮才稍稍有所緩解。這裡拿來跟諸位新媽分享。

年齡 ×7+70（公分）

這個公式在孩子兩歲以後就可以做為測量標準，比如孩子現在兩歲，那麼公式計算下來得出的數字就是八十四公分。上下浮動十公分左右都是正常的。也就是說，如果妳的孩子兩歲了，身高在七十七～九十四公分間都屬於正常，如果低於或高出，就要去看醫生了。

阿里小寶兩歲時的身高是八十八公分，三歲時是九十七公分，算是一直在一個標準的界限內。

我有個很久不聯繫的朋友，幾天前帶著他的兒子來看望我。他的孩子雖然只比阿里小寶大一歲，卻要比阿里小寶大出一個頭，聽他爸爸說，這孩子的發育一直在一個較高，但又不超標的範圍內。看著他們孩子皮膚光滑有光澤，指甲飽滿，嘴唇紅潤，背寬個大的樣子，我自然羨慕不已。心想什麼時候，阿里小寶也能長得這樣有氣勢呢？問朋友餵養寶貝的秘訣，他說是因為自己有一個什麼都要 DIY 的好妻子。

「想想現在空氣、水、土壤污染多嚴重，我們吸進去、吃進去、喝進去的都是半污染產品，大人對這都受不了，更何況是還很脆弱的孩子。所以，為了給孩子相對較健康的食物，我老婆帶著兒子回了農村老家，在那裡自己種菜種糧，喝的水也是沒有污染過的山泉水。只要孩子在五歲前打好身體基礎，抵抗力好了，以後再回到城區也就不輕易被病菌毒素擊垮了。」朋友說。

「你的意思是說，你的妻子辭去工作，在鄉村整整生活了五年才又回來工作？」我很驚訝。

「是的！為了孩子，她可以做任何犧牲！」朋友說。

真是個無私的媽媽。如果條件允許，這樣做也未必不可。只是現在養個小孩太貴，如果生活條件一般，孩子也只能跟著大人呼吸著並不乾淨的空氣，喝著並不健康的水，吃著有些讓人擔心的食物了。

不管是何種做法，我想不該懷疑的是媽媽們那顆疼愛孩子的心。

1、新媽媽的遊戲小道具

- 一面鏡子和一盆乾淨的水。

2、新媽媽的遊戲開始啦！

- 媽媽先選擇一個有陽光、有陰影的空地，比如陽臺和客廳，媽媽一手持鏡子站在陽光底下，用鏡子把太陽光反射到客廳裡，讓寶寶注意光點，然後讓他去捕捉。
- 為了增加趣味性和難度，媽媽可以不斷地變換位置，把光點忽高、忽低、忽左、忽右變換，鼓勵寶寶隨著光影的移動去捕捉，但媽媽要控制好變化的節奏，速度不要太快，盡量能讓寶寶捉到或捉不到。
- 媽媽還可以把鏡子放到水裡再照出光點，經過水的折射作用，光點會變化出七彩顏色，並且會有水光晃動的效果，照出來的光點更加漂亮、有趣，寶寶更加喜歡。
- 媽媽還可以讓寶寶手持神奇的鏡子，去製造光影的變化，讓媽媽捉。

3、新媽媽新心得

- 剛開始的時候媽媽不要讓光點移動得太快，等寶寶完全明白如何去做的時候，再循序漸進地加快速度和難度。
- 在遊戲的時候無論怎麼樣最後都要讓寶寶捉住，要不然可能打擊寶寶的自信心，影響寶寶遊戲的積極性。
- 三歲左右的孩子運動能力已經比較好，可以很好地和爸爸媽媽玩這個遊戲，但是寶寶在跑動的過程中還是很容易摔倒，因此媽媽要控制好光影移動的速度，避免寶寶突然改變速度和方向時重心不穩摔倒。

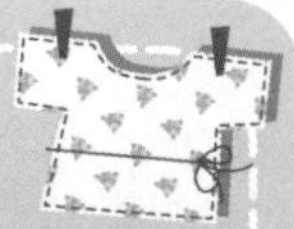

新媽媽育兒理論小百科

「抓影子」遊戲是生活的智慧和科學的展現，不僅可以訓練寶寶的動作敏捷性和靈活度，還有助於提升寶寶的注意力和思考能力，啟發寶寶去探索自然科學之神奇。

44

轉轉轉，大轉輪

最近，阿里小寶越來越不願睡覺，沒到要上床睡覺時，他都會找各種理由來延遲上床時間。

「媽媽，我癢，我想洗澡。」兒子的第一個理由。

「可是，我們早上洗過澡了呀！」我以為他忘記了。

「可是，睡覺前洗澡會睡得更舒服，妳說過的。」阿里小寶記憶力超級好。

不得已帶著他去洗澡。洗澡完畢，換上舒服的睡衣，可以睡覺了。

「媽媽，我餓了！」兒子的第二個理由。

「可是，你已經刷過牙了不能再吃東西。」我抗議。

「不吃東西，我會睡不著的！」

不得已，又給他吃了幾塊餅乾，喝了半杯牛奶。刷完牙，阿里小寶終於可上床了。

「媽媽，給我講個故事，我要聽昨天沒聽過的。」兒子的第三個理由。

「好的，給你講青蛙王子的故事吧！」我拿來這本童話書。

「不好！」

「那給你講一個你沒聽過的。」於是，我自編自導編了個小故事給阿里聽。故事講完了，阿里已經睏到極點，但依舊不願睡。

「媽媽，我明天不是人！」阿里開始找話題跟我聊。

「不是人，你是什麼？」我驚訝的問他。

「我是一個月亮，掛在天空不用睡覺！」

「好吧！」我答應他。

「媽媽，為什麼船看起來像一個鞋？杯子像長了一隻耳朵的怪物？跑起來的汽車像一枝寫『一』的筆？」阿里小寶無限的想像力展開了。

以前，他會將打叉的柵欄唸「X」，把天空的星星叫煙花，那時候，我一直以為他只是將這些事物當成自己腦海裡單純的印象來識別。後來才知道小孩子的創造力和想像力是驚人的，尤其三歲這個階段，他們說出來的某些話，會給大人無盡的驚喜和啟示。聽阿里小寶講這些，看來確實如此。

「媽媽要不我們玩大轉輪遊戲吧！我坐到爸爸的旋轉椅上，妳坐到我腿上，我帶妳轉。」阿里又有了新的想法。

「孩子，已經很晚了，這個遊戲最好是白天玩！」我自然要編造一個合理的藉口來拒絕他的這個要求。

就在我想合理的理由時，睏意難當的阿里最終沉沉睡去了。

1、新媽媽的遊戲小道具

• 爸爸媽媽的手，轉動的電腦椅。

2、新媽媽的遊戲開始啦！

• 在較大的空曠的場地裡，媽媽和寶寶面對面站好，媽媽的雙手拉著寶寶的雙手。

• 媽媽說：「一、二、三！」把寶寶從腰部抱起。媽媽一邊以自己為中心轉圈一邊說：「大轉輪轉起來了！」左轉之後，再右轉，這樣左右如此交替進行。

• 如果轉累了，媽媽不妨拉著寶寶小幅度地左右搖擺，這樣也會讓寶寶覺得很有趣。

• 如果房間裡會轉動的電腦椅，媽媽可以把轉動的電腦椅移動到客廳中央或周圍沒有障礙物的地方，媽媽坐在椅子上，抱起寶寶，讓寶寶雙腳站在媽媽的大腿上，然後藉助電腦椅轉圈，這樣還不會太吃力，可以和寶寶玩的更久一些。

3、新媽媽新心得

• 三～四歲的寶寶喜歡玩那些有速度、有旋轉、自己能控制身體平衡的遊戲，這個遊戲可以很好地滿足寶寶的需求。

• 遊戲的過程，爸爸媽媽不要一個方向轉到底，這樣寶寶容易眩暈。

• 這個遊戲需要較多的體力，場地要求更大，爸爸媽媽要掌握好力度，保護寶寶安全。不過，玩遊戲的同時，爸爸媽媽也在健身哦！

• 這個遊戲玩到高階程度後，爸爸媽媽可以突然急煞車，立即調換方向轉圈。這樣的「措手不及」的舉動常常會讓寶寶覺得很有意思，笑個不停。

新媽媽育兒理論小百科

方位感、注意力和對方向的確認都是寶寶在從事其他腦力或體力勞動所需要的能力，這個遊戲是培養寶寶這方面的養料，培養寶寶的平衡感和方向感，更是激發了寶寶的勇氣和愉快情緒，對寶寶的成長很有幫助。

45

動物運動會開始啦！

阿里小寶因表現優秀，在幼稚園再次獲得了老師的誇讚。我曾答應過他，只要他在學校獲得的表揚超過三次以上，我可以滿足他一個合理的要求做為鼓勵。

「媽媽，今天妳不太幸運哦！」這是他從幼稚園出來後跟我說的第一句話。

「媽媽有你就是最幸運的！」這是實話，在媽媽眼裡，每個孩子都是上帝給她們的最大幸運。

「這樣啊，好吧，媽媽！今天老師表揚我了，這已經是第三次了哦！」阿里看向我。

咦！這話的意思不就是在暗示媽媽兌現承諾的時候到了嗎？好吧！大人是孩子最好的表率，這事可不能馬虎。

「好吧！你有什麼要求，媽媽一定滿足。當然，不能太過分哦！」

「我要去動物園看斑馬、猴子、孔雀和大老虎。我要當飼養員，餵牠們冰淇淋！」阿里小寶提出了自己的要求。

「你只能在遊戲中當飼養員，真正的動物園裡都有專門的飼養員，他們經過了專門培訓，才可以接近動物的。否則，大老虎看到陌生人會一口叼走的。」我知道兒子昨晚跟我玩了動物園遊戲，按照這個記憶提了這個要求。

「哦，這樣啊，那我們還是去吃冰淇淋吧！」兒子聽我這麼說立即換了想法。

畢竟是天真的孩子，提的要求很容易滿足，於是，我們便朝就近的一家冰淇淋店走去。不過，一進店門，阿里小寶的視線就被店內新推出的慕斯蛋糕深深吸引。在我為他要了一份冰淇淋等候時，他卻說道，「媽媽，我改變主意了，我想吃慕斯蛋糕！」

「好的，但下次不可以這樣哦！一旦做出決定，就不能輕易改變！」我想，在很多小事上這樣約束他，才不會導致以後在大事上的舉棋不定或優柔寡斷。

因為要求達到滿足，兒子自然高興的滿口答應。

冰淇淋上桌後，我拿起叉子，打算大快朵頤。好久沒有吃甜點了，既然兒子不想吃了，那我有必要犒勞下我的味蕾。

「媽媽，妳不是說好東西要一起分享的嗎？」阿里小寶眼睛盯著冰淇淋球，拿我平時教育我的話來教育我。

「哦，這樣啊！」我話還沒有說完，阿里小寶就從我手裡拿過這唯一的叉子，津津有味的吃起來，完全不顧及他媽媽眼饞的樣子和快要流出來的口水。

冰淇淋被他吃掉一大半時，慕斯蛋糕也烤好了。阿里小寶見異思遷，推了眼前的盤子，大口吃起慕斯蛋糕來，完全沒有要跟媽媽一起分享的樣子。

「兒子，剛剛誰說來著，有好東西一起分享！」我提醒他。

「哦，這樣啊！可是妳沒說過要吃慕斯蛋糕啊！」他理由充足。

「可是你剛才也說不想吃冰淇淋，還不是吃了很多！」

「好吧！」見他答應，我拿起叉子打算切一大塊下來。

「不行，我的東西我作主。」阿里小寶趕緊將慕斯蛋糕往自己懷裡攬，然後以快準狠的姿態切下一小口慕斯蛋糕遞到我面前。

常聽一些媽媽說，**孩子越長大，對事物的佔有慾會越強，尤其是三～四歲這個階段，他們對自己物品的佔有慾強大到驚人，即便是自己最親的人，媽媽爸爸也不可能從他們那裡要走一點點好處。**看阿里今天的表現，果不其然。

1、新媽媽的遊戲小道具

- 一組可愛的動物彩色圖片及小動物頭飾。

2、新媽媽的遊戲開始啦！

- 在空曠的場地，媽媽和寶寶坐好。媽媽說：「今天森林裡要開運動會了，小動物們可高興了！寶寶快來看都有哪些小動物來參加比賽呢？」媽媽拿出動物圖片，用手指著圖，引導寶寶說出圖中小動物的名稱。

- 當寶寶說出動物的名字時，媽媽一邊誇寶寶說對了，一邊再指著動物圖片再把小動物的名字重複一遍，然後媽媽引導讓小寶貝說一說各種動物的基本特徵。
- 接著媽媽讓寶寶挑選他喜歡的動物並扮演牠，媽媽則扮演另一種動物，媽媽發出口令後，和寶寶賽跑。

3、新媽媽新心得

- 這個遊戲一邊看圖，一邊動腦筋回答問題，一邊活動，就在這一看一答一跑之間，寶寶的記憶力就在悄悄提升哦！
- 媽媽和寶寶賽跑時要有輸有贏，這樣才能調動寶寶的積極性。
- 這個遊戲除了可以在室內進行，也可以在室外進行，增加遊戲的趣味性，更是可以讓寶寶融入陌生的環境，親近自然。

新媽媽育兒理論小百科

這個遊戲不僅能鞏固寶寶對常見的小動物的認知，而且透過前後兩幅色彩鮮明的圖片比較，在鍛鍊寶寶的視覺能力、觀察能力的同時，也提升了寶寶的記憶力，更是鍛鍊了寶寶的身體，幫助小寶寶茁壯成長。

46

小小助手做家事

阿里爸爸突然想吃豌豆，於是去菜市場買了很多豌豆莢回來。不買已經剝下來的豆子，而選購還得自己加工的豌豆莢，爸爸的理由是這樣的東西污染更少，吃來更放心。當然，他還有一個目的，就是鍛鍊阿里小寶的手指運作能力。

拿來三個小凳子，中間放好一個大盆，再將一個塑膠口袋打開，一家三口的剝豆子活動算是開始了。

阿里小寶起初不知道怎麼弄，先看看媽媽，再看看爸爸。然後自己嘗試，只是豌豆莢的皮有些硬，他用小手剝起來有些困難。

「媽媽，這個太難弄了。」幾次嘗試失敗後，阿里小寶帶些哭腔說。

「這樣吧，媽媽幫你把殼打開，你把裡面的豆子掏出來就是了。」我把豌豆莢的皮剝開，遞給阿里小寶。

「可是這樣就不算完全操作了？」阿里依然帶著哭腔。

「什麼？完全操作？」都不知道什麼時候他學會了這樣一個詞。

「是的，我要做跟你們一樣的工作。」阿里小寶依然充滿了對豆子的征服慾望。

於是，爸爸親自上陣，教他怎麼把豌豆莢打開。幾番嘗試後，阿里小寶終於使盡力氣剝開了一個豆子，第一次的成功讓他喜悅不已。於是，對第二個、第三個……一一展開了攻勢。只是，很快，他的小手受不了了。看著他有些泛紅的皮膚，我問他是否還要繼續。

「沒事，男子漢大丈夫，這點傷算什麼。孩子，繼續！」爸爸鼓勵他繼續。

「我想上廁所！」阿里小寶說完去了廁所，在裡面待很久後，總算出來了。

「爸爸，我肚子痛，很不舒服，我要躺一下。」兒子一臉的難過。

我跟他爸爸自然信以為真，趕緊讓他進臥室躺著。過了許久，我進門去看看他，沒想到，小傢伙竟然在地板上玩他那些車。

「那麼，剛才你是裝的了？」我問他。

「也不全是。我對剝豆子厭煩了，可是又不想讓爸爸說我因為手痛才不做的。」兒子理由充分。

真沒有想到，只有三歲多一點的阿里小寶，竟然挺有想法，講起道理來也是一套一套。而他所用的那些句子，幾乎都是從他爸爸那裡學來的。我再一次對「父母就是孩子最好的榜樣」這樣的話深信不疑。幸虧我們一向在他面前表現出來的都是正面的資訊，萬一我們不留神把一些壞習慣教給了他，豈不是害了他。

「孩子，做人要誠實，是什麼就要說什麼。不能明明沒生病卻要拿自己的身體開玩笑，這樣是不對的。爸爸媽媽是你最親的人，即便你說的實話再怎麼不合情理，我們也會包容你的，畢竟沒有人會討厭說實話的人。」我就兒子剛才的錯誤行為告誡他。

「我知道了！」

「那麼，等一下來吃我們的勞動成果吧！那將是一道美味的豌豆菜餚！」我摸摸他的頭。

我想，**親子關係的融洽，並不在於對孩子的責備和長篇說教，而在於就事論事，指出他不對的地方，讓他明白這麼做的錯誤所在。**而父母也要積極承認自己的錯誤，改正不足，給孩子帶好頭。如何與孩子好好相處，是一項永遠學不完的教程。

1、新媽媽的遊戲小道具

• 寶寶勤勞能幹的雙手及媽媽細心耐心的指導。

2、新媽媽的遊戲開始啦！

• 收玩具：媽媽可將玩具桶或收納箱（盒）分類編號，或者用顏色區分，然後告訴寶寶自己的玩具分別在哪，如拼圖、積木等小型組裝玩具放在一號桶裡或黃色的桶裡，並告訴寶寶下次要玩從哪拿出來還要再放回去。

• 整理書籍：媽媽可以引導寶寶按照書的大小歸類，媽媽可以和寶寶說：「這是大書，放這裡。這是小的，放這裡。」引導寶寶把書收的整齊。

- 收遙控器：媽媽找個大的紙盒子，讓寶寶將遙控器全部放進去。如果盒子夠大，媽媽可事先在盒底畫遙控器形狀，讓寶寶依圖形去放。
- 整理拖鞋：媽媽先教寶寶將拖鞋左右配對，插在一起，再放進鞋櫃裡。

3、新媽媽新心得

- 媽媽給寶寶分配的家事一定是他力所能及的，一般三、四歲的寶寶，可以整理報紙，餐前擺放餐具，洗自己的小毛巾，整理他的圖書、玩具等簡單的家事勞動。
- 媽媽要營造輕鬆的氛圍，比如做家事的時候放些音樂或自己哼著歌，寶寶就會知道，做家事也會帶來快樂，讓寶寶對家事勞動感興趣。
- 做家事的過程中，寶寶好心辦壞事時爸爸媽媽不要喝斥，要在表揚他優點的基礎上，提出改進要求，這樣寶寶才能越做越好。

新媽媽育兒理論小百科

曾經哈佛大學一項調查研究顯示：愛做家事的寶寶和不愛做家事的寶寶，成年之後的就業率為15：1，犯罪率是1：10。另有專家指出，在寶寶的成長過程中，家事勞動與寶寶的動作技能、認知能力的發展以及責任感的培養有著密不可分的關係。

47 梳梳頭，抹香香

晚上，接阿里小寶回家的路上，他問我什麼是「老大」？

「老大，就是兄弟姊妹中最年長的那個！」起初，我沒有明白他的意思。

「啊！可是我們班的王小小說他是我們的老大！可是他不是妳生的呀！」阿里瞪著懷疑的眼睛看向我。

「哦，這樣啊！老大有好多意思，剛才媽媽跟妳說的那個也是老大的意思。而你們班這個小小同學說的『老大』是一夥人中領頭的那個，也就是對大家的行為做決定，在眾人中影響力最大的那個。」我解釋說。可是，很明顯，我的這些解釋反而把他繞暈了，對只有四歲的年齡來說，這樣的解釋自然讓他很難理解。不過，我當時並沒有意識到。

「什麼是領頭？什麼是決定？什麼是影響力啊？」阿里小寶瞪著他天真無邪的大眼睛再次看向我的臉。這時我才知道，我剛才的解釋，他一點都沒理解。

「抱歉，孩子。媽媽沒有給你說清楚。小小說的老大就是他覺得他比你們懂得多，學習比你們好，他說什麼你們都能聽，所以，他覺得他是你們的老大。」我蹲下來耐心的跟他說。

「但是，他學習並不好，懂得也不多，我們也不一定聽他的呀！」兒子繼續迷茫。

「那你怕他嗎？」

「不怕！」

「那他就不是老大，這個老大他自己吹得，吹牛皮！」我微笑著說。這下兒子樂了，活蹦亂跳的跟著我回家。

「媽媽，什麼是牛人？」快到公寓門口時，兒子又拋出他的問題。

「牛人就是做什麼事都很厲害，都能做到超級棒的人。」我一邊掏鑰匙，一邊解釋。

「比如？」兒子還不忘讓我給他舉例子。

「比如我兒子啊，早上能早早起床，自己穿衣服，刷牙洗臉，能自己整理書包，在學校表現又好，經常受老師誇讚，還有你跟小朋友關係好，大家都喜歡跟你做朋友，你把你這個年紀應該做好的事情都做好了，所以你就是牛人。」我蹲下來，真誠的看著兒子，告訴他。這些其實我是從朋友小麗那裡學來的。據說，孩子眼裡看到的東西跟大人看到的往往不同，大人想要跟孩子好好溝通，理解他們，懂得他們，就應該蹲下來，以孩子的高度拉近彼此距離。

「謝謝妳，媽媽？」突然兒子親了一下我的額頭。

「為什麼？媽媽說的都是實話啊！」我沒有搞清楚狀況。

「我的同學跟我說，他媽媽和爸爸從不願意回答他提的問題，每次他問問題，他們都會說『一邊去』。每天我把妳告訴我的東西說給他聽時，他可羨慕了。」兒子驕傲的說。

人們常說愛問問題的孩子，會思考，聰明。**如果孩子每次提出問題，大人就潑冷水或敷衍了事，很容易抹殺他們的好奇心理**。我可不想讓這樣的事情發生在自己孩子身上。

1、新媽媽的遊戲小道具

- 一把小梳子，一面小鏡子，幾條橡皮筋，一個長頭髮的布娃娃。

2、新媽媽的遊戲開始啦！

- 媽媽先用小梳子給自己示範梳頭，並唱道：「不梳頭，不洗臉，人人見了閉上眼。梳一梳，洗一洗，抹香香，人人見了都喜歡。」梳完頭後，媽媽做抹香香的動作。
- 等寶寶明白兒歌的意思後，媽媽然後引導寶寶給自己唱兒歌梳頭髮。
- 寶寶的頭梳好後，媽媽拿出布娃娃，讓寶寶也給布娃娃唱兒歌，梳頭髮，抹香香。給布娃娃梳頭的過程，還可以讓寶寶發揮自己的創造力，用橡皮筋給布娃娃綁各種樣式，打扮布娃娃。

3、新媽媽新心得

- 遊戲時用到的小梳子齒距要寬一些，梳齒的頂端不要過尖，如果有塑膠薄套包著最好，這樣不容易劃傷寶寶的頭皮，寶寶使用的時候也更安全。

- 梳頭髮的時候媽媽要教寶寶一隻手抓住髮梢，尤其是頭髮很亂時，這樣可減少頭皮受力程度，避免頭髮受力脫掉，並可減輕梳理時的疼痛。
- 寶寶給布娃娃梳頭打扮時，媽媽不要過多地向寶寶灌輸自己的意見，而是要充分發揮寶寶的主導性，讓寶寶根據自己的意願和想像打扮布娃娃，媽媽適當地評論就好。

新媽媽育兒理論小百科

梳頭遊戲不僅可以很好地培養寶寶良好的衛生習慣，教育寶寶做一個愛乾淨的好寶寶，還可以提高寶寶的審美觀，讓寶寶充分發揮自己的能力打扮自己，提高寶寶的自理能力。

48

跳格子
單腳雙腳快樂多

有天傍晚帶阿里出去散步，院子裡有很多小孩在玩，其中一個小女孩正在她奶奶為她畫好的格子裡跳來跳去。先是雙腳蹦，後來是單腳跳。阿里小寶第一次看到這樣的遊戲，很好奇的看著，後來可能姊姊跳得有些費力，阿里小寶竟看著哈哈大笑起來。小姊姊不服氣的說，「有本事你來跳。」

第一次嘗試的阿里小寶，自然跳得笨拙不堪。但兩個原本水火不相容的孩子，因為跳格子遊戲的緣故，很快就玩在一起了。

後來，阿里小寶說要尿尿，帶他往廁所走時，他又被一個小朋友腳上的溜冰鞋吸引了，我只是隨便說了一句，等他再大點也給他買一雙，阿里小寶卻來了勁，當時吵鬧著要給他買，弄得我一點辦法都沒有。只是我知道，現在的阿里小寶對很多玩具都是一時興起，等真正到手後，就又棄之一旁了，除非這個東西真正讓他感興趣。這是有證據的。

阿里小寶還不到一歲時，我一時心血來潮，給他買了一架小型鋼琴。可是，我跟他爸爸都不善文藝，阿里小寶又太小，那鋼琴買回來後就一直閒置。等到阿里小寶一歲半兩歲時他偶然會撥弄一下。我還記得兩歲時，有天他蹲在桌子上，對著他的小型鋼琴撥弄起來，嘴裡還唱起了「跑得快，真奇怪」這樣的歌曲。我當時非常驚訝，因為從沒有給他看過類似邊彈邊唱的節目或影片，他怎麼就無師自通了呢？驚訝的我，自然是讓他再做一次，並在他身邊給予鼓勵。不過，這樣的激情只是曇花一現，很快，阿里小寶就另投所好，玩別的玩具去了。

阿里小寶上了幼稚園後，對繪畫不是很感興趣，於是，我就讓他報了才藝班。才藝班有舞蹈和樂器演奏兩項活動。阿里小寶自幼對音樂敏感，只要聽到音樂就會扭動其腰身來，這個習慣從他八個月開始一直保持到現在。所以，去學舞蹈課對他自然是如魚得水。至於樂器，除了那家小型鋼琴外，阿里小寶再無接觸過其他。只是，奇怪的是，我跟他爸爸都毫無才藝細胞，可是阿里完全不同，在他還只有兩歲時，他就喜歡拿勺子敲我的鎖骨，聽到脆脆的骨頭撞擊聲，他就高興得不得了，於是便很有節奏感的一個勁敲起來，我一旦拒絕他就會哭鬧，所以，我的鎖骨處時常可見紫色瘀斑，這自然是他勺子敲擊的傑作。

在用手拍門和用手指在玻璃上弄出吱嘎聲這兩件事情上，阿里小寶也是做得相當好。每次在門上拍著玩，他都會很有節奏感的拍五下停一下，接著又拍又停；玻璃上弄出嘎吱聲時，也是聽起來一下一下的很有規律。於是，在他棄之鋼琴不顧，而我們又深覺他有才藝細胞的情況下，最終我下血本給他買了一套鼓。

一開始，阿里小寶也只是出於好奇在鼓面上搗鼓，但隨著音樂的響起，加上光碟部分的指導，阿里小寶很快就投入其中，並樂此不疲起來。每天從幼稚園回來後，他第一件要做的事情就是玩一會兒他的鼓。

曾經聽過這樣一個故事，說國外有個小孩，即便很努力，學習卻差得一塌糊塗，連個性最好的老師幾乎都放棄了他，覺得他笨得一無是處，毫無前途。可是，後來他的家長投其所好，將他送到魔術學校，這孩子就像吸水的海綿一樣，一下變得超乎尋常的聰明，最後，他自然成了一名頂級的國際魔術師。

我想，**孩子們的智商其實都相差無幾，區別在於每個人的愛好不同**，有些孩子家長比較重視個人喜好，往他喜歡的方面培養，基於個人的興趣，孩子自然學得快，學得好，很快就成了佼佼者；而有些家長不重視孩子的喜好，硬生生逼著他們學習家長認為該學的東西，孩子興趣不在這上面，接受起來就要慢，有時甚至差得一塌糊塗，家長就覺得自己的孩子沒出息，比別人的孩子笨。**實質上沒有笨小孩，只有笨家長**。很多案例擺在我們面前，做為父母，應該引以為戒的。

1、新媽媽的遊戲小道具

- 顏色不一樣的泡綿墊若干塊。

2、新媽媽的遊戲開始啦！

- 遊戲開始前，媽媽讓寶寶伸出自己的腳問寶寶：「你的小腳可以幹什麼？」讓寶寶回答走路、踏步、跳躍等。

• 等寶寶明白自己腳的作用時，媽媽把寶寶帶到泡綿墊鋪起來的格子前，告訴寶寶要從泡綿墊上雙腳跳過去，每次只能跳一格，媽媽先示範等寶寶明白這個遊戲規則後讓寶寶跳。

• 雙腳跳完了，媽媽再引導寶寶進行單腳跳。

• 為了增加遊戲的趣味性和互動性，媽媽還可以和寶寶進行雙腳跳、單腳跳比賽。

• 這個遊戲也可以在戶外進行，媽媽先在地上畫好格子，然後告訴寶寶遊戲規則，讓寶寶和其他小朋友一起玩。

3、新媽媽新心得

• 跳格子遊戲媽媽也可以在地板上畫格子，但是沒有泡綿墊安全乾淨，所以這個遊戲最好還是用泡綿墊拼格子。

• 格子最好用不同的顏色泡綿墊拼成，這樣不僅有利於寶寶區分，還可以增加遊戲的趣味性，讓寶寶更樂在其中。

• 單腳跳對寶寶來說可能比較困難，因此媽媽在遊戲的過程中不要對寶寶要求太高，可以讓寶寶中途放下腳休息，但是一定要鼓勵寶寶跳完格子，培養寶寶的耐性。

• 無論是雙腳跳還是單腳跳，寶寶做完成跳格子後，媽媽都要抱起寶寶誇讚他，讓寶寶更有成就感，更有信心玩這個遊戲。

新媽媽育兒理論小百科

跳格子遊戲可以很好地培養寶寶的平衡能力，並讓寶寶探索雙腳跳和單腳跳的區別，更是可以讓寶寶體驗民間遊戲的樂趣，帶給寶寶愉快的活動體驗，從而讓寶寶愛運動，愛生活。

49

拿著money去購物

帶阿里小寶去打疫苗，他問我去哪裡，我撒了小謊說去買玩具。

小時候因為生病，阿里小寶住過兩次醫院，為此大概留下了一些陰影，每次一聽到「去醫院」三個字，難免會哭鬧起來。記得有次他咳嗽加重不得不上醫院就診，即便我向他保證只是讓醫生看看喉嚨，不打針，可是他不信，竟然把自己關在廁所，怎麼哄也不出來。所以，這次自然不能再說實話了。

我們先是開車往商場方向走，我還給了阿里小寶一些零錢，告知他，這些錢他可以自己作主，等一下到了商場，他就可以像我們平時玩購物遊戲一樣，購買他想買的東西。

基於這些錢的作用，原本還有點擔憂的阿里小寶，很快打消了疑慮，開始分配那些零錢，說這些是買玩具的，這些是買好吃的，這些給媽媽買禮物等等。實質上我給他的錢總共不到十元，只是還不懂得買賣交易的阿里小寶以為有了錢就可以買一切呢！

走了一半路後，我就按原計畫讓老公裝肚子痛。我問阿里小寶怎麼辦。阿里小寶竟然語出驚人，說到了玩具城就不痛了。

「不行，這樣爸爸會痛死的，我們必須上醫院，上醫院給爸爸治病。」我強調。

「讓爸爸坐計程車去，我們去玩具城。」兒子依然毫無同情心，這讓他的爸爸很受傷。

「不行，你是他的兒子，是小小男子漢，你要陪著爸爸去，並且要用你手裡的錢付醫藥費。」我給他壓力的同時，也讓他行使某些權力。

「好吧！我們待一會兒就走。」很顯然，儘管看病的是爸爸，但他對醫院這個地方依然心存芥蒂。

到了醫院後，阿里小寶坐在車上不願下來，他讓我陪著老公進去，說自己要在車上等。而我又不得不施盡招數，哄矇拐騙才算把他請下車。

走進打疫苗的診室，阿里小寶便明白自己上當受騙了，開始數落媽媽的不是，並開始憤怒起來。

「小朋友，你知道為什麼你爸爸肚子會痛嗎？因為他小時候不聽話，不願意打疫苗，等他長大後，就會經常肚子痛。如果你打了疫苗針，以後就不會出現像他這樣的情況。」打針的護士給了他一個善意的謊言。

聽到這番話，阿里小寶稍有放鬆，只是這時突然聽到一個孩子大聲哭起來。阿里小寶見此情景，遂又害怕得不得了，一個勁地說我騙他，並且眼睛含滿了淚水。

「寶貝，你是男子漢，男子漢才不怕打針呢！只有小女孩才會，你看剛剛那個小朋友，那麼吵，多不好。」護士阿姨繼續善意的誘導他。

最終阿里小寶眼淚汪汪的答應了打針，在針拔出來的那一刻，他終是忍不住的大哭起來。

「這是獎勵！」阿里小寶爸爸拿出五塊硬幣，「獎勵你成功打完疫苗，也祝賀你以後不會肚子痛！」阿里爸爸笑嘻嘻的對他說。

「我要用這錢買多多的針管，給壞阿姨打針針！」阿里小寶一邊眼淚婆娑的玩弄硬幣，一邊說出這番話語，弄得我有些尷尬。

「好，你的 money 你作主，壞阿姨等你，你買完要快快回來哦！」好態度的護士笑著逗弄他。

「我還要買很多很多零食，很多很多的冰淇淋，只給爸爸媽媽吃，妳想要都不給妳，一點都不給！」阿里小寶以為這五塊錢是超級硬幣，能買一切他想買的東西呢！還懷恨在心跟護士阿姨挑釁。

爸爸抱他離開時，他還在嘟嘟囔囔的說要買多少好玩具，就是不給護士阿姨玩呢！

1、新媽媽的遊戲小道具

• 購物袋，錢包。

2、新媽媽的遊戲開始啦！

• 媽媽帶著寶寶來到超市，在買東西前，先讓寶寶觀察超市貨架上的各種貨品。

• 媽媽仔細觀察寶寶，看寶寶喜歡什麼東西，然後問寶寶這些東西的名稱、形狀、特性和作用，如果遇到寶寶不懂的物品，媽媽要告訴寶寶，並引導寶寶多看多比較不同種類的食品。

• 剛開始媽媽可以讓寶寶自行選擇有用的物品，不用給他太多限制，但是等寶寶選好物品後，媽媽要告訴寶寶今天帶了多少錢，引導寶寶決定最終要買的東西。

- 讓寶寶自己帶著錢去收銀臺付錢，媽媽跟在身後幫忙，但不要包辦，整個付錢過程盡量讓寶寶一個人完成。
- 買完東西回到家，媽媽和寶寶一起分門別類地將東西放好。

3、新媽媽新心得

- 三、四歲的寶寶認知能力已經有很大的進步，已經熟知了生活中的很多物品，在買東西的過程寶寶如果能很好地回答出物品的名稱，媽媽要誇獎寶寶，這樣寶寶才會有成就感，更加願意去認識其他的物品。
- 如果寶寶有興趣，媽媽可與他在家中模擬超市裡買東西的遊戲，幫助寶寶形成良好的消費習慣。
- 遊戲時媽媽要應盡量渲染遊戲的氣氛，用比較自由的形式調動寶寶的參與熱情，比如用商量的語氣和寶寶決定要買的東西，激發寶寶的參與熱情。

新媽媽育兒理論小百科

逛超市買東西的遊戲可以讓寶寶熟悉買賣東西的過程，認識更多的生活物品，更是可以讓寶寶觀察周圍人的言行舉止，知道在公共場所不能大聲喧嘩，買東西要排隊等社會常識，培養節約的消費觀念。

50 聽口令，拿東西

有天晚上，我正在看一本書，因為需要一張紙又懶得動，便指使阿里小寶去給我拿張衛生紙來，阿里小寶爽快得跑開去拿，但回來時手裡拿的卻是我的拖鞋；後來，阿里小寶不小心打翻了半杯水，我讓他到洗手間拿抹布來，他又爽快得去了，可是回來時手裡拿的卻是刷子。這樣的狀況晚上睡覺時又出現了一次，我要給他講故事，讓他挑一本喜歡的書過來，可是等他遞來時卻是一輛玩具車。

難道阿里小寶的認知能力倒退了？以前我總是指著各種東西告訴他那是什麼，考核時，他都能一一答來啊！今天到底是怎麼了？有點忐忑的趕緊拿來幾樣東西讓阿里指認，他回答得都沒問題。後來老公說，他只是淘氣，只是跟妳作對罷了，孩子能有什麼問題。

聽老公這麼一講，我也不再在意阿里小寶的失誤了。躺在床上跟他玩提問遊戲，我問他太陽為什麼是紅色的？這次他沒有像以往那樣告知我答案，倒是向我提了一個問題：

「媽媽，以前我穿的是開襠褲，現在為什麼要穿跟妳一樣的啊？」

「那個是為了衛生考慮，你想啊，外面灰塵那麼大，穿開襠褲，風會把灰塵吹進你屁屁的。」我翻了半天白眼才想到這麼個理由。

「可是書上說，穿實襠褲是為了保護小弟弟，而且小弟弟露在外面不禮貌，別人會罵羞羞的。」兒子一板一眼地說。

「嗯，這也是一個理由。」

「那為什麼以前不羞羞？」兒子把問題又繞回去。

我知道，隨著孩子的長大，父母必須面對他們拋出來的各種好奇的問題，並且拿捏得當的要給他們一個合理的解釋，否則他們對父母的信任就會產生折扣。所以，對於他的任何問題我自然是不能掉以輕心。

「以前你還很小，接觸的人也不多，自己的爸爸媽媽也不會說你羞羞。但是現在你上幼稚園了，長大了，接觸的人也多了，所以得保護你的隱私，小弟弟就是你的小秘密，你要小心的保護它才行。」

「哦，那妳跟爸爸也一直在小心的保護是嗎？現在在家裡，我不會羞羞妳，就讓我看看妳的小弟弟吧！」兒子突然又拋出一個讓我驚訝的問題。

「不行，那是我的隱私，只有我一個人看。不能給任何人看的。」我拒絕他。

「媽媽偏心，下次不讓妳給我洗澡和換褲褲了。」這話的意思是，他要學著媽媽保護自己的隱私嗎？

隔天帶他去遊樂場玩，因為爬上爬下的緣故，阿里小寶的褲子快要掉下來了。我過去幫他整理衣服，他竟然大聲拒絕，「媽媽，妳要幹嗎？要看我的小弟弟嗎？」眾人齊刷刷的眼光射來，弄得我成了一張大紅臉。

三歲的阿里小寶精力旺盛，記憶力更是超群，媽媽無意中說過的話，他竟然能隨學隨用，真是讓人意外。現在的他已經能跟小朋友打成一片，一起做各種遊戲，雖然有時他也有自己的想法，但還是喜歡模仿別人，一旦看到某個小孩在地上爬或者往高處攀，他也會跟著做起來。

讓他用黏土做個小鹿，他會毫不客氣的做起來，做完了才發現那是一顆大南瓜。原來，此時此刻，他的腦袋瓜裡想的可不是媽媽讓他做的東西，也沒有既定的範本，只是隨心所欲的做，完工了才知道那是個什麼東西。

三歲的小孩趣事真多，媽媽跟在他的身後，看著他一天天的變化，驚喜往往大於疲憊。

1、新媽媽的遊戲小道具

• 寶寶喜愛的物品，如圖畫書、積木、球、小勺子等玩具，家裡常見的物品如拖鞋、遙控器、鑰匙等物品。

2、新媽媽的遊戲開始啦！

• 媽媽讓寶寶坐在床上，並把寶寶的圖畫書、積木、球、小勺子等玩具放在寶寶的面前，讓寶寶一一認識這些物品，然後依次對寶寶說：「乖寶寶把書拿給媽媽好嗎？」、「把球給媽媽！」、「把小勺子給媽媽！」……

- 當寶寶會按口令拿對一個物品後，可以試著按口令一次拿兩個物品。如「寶寶乖，把小皮球拿給爸爸，把圖畫書拿給媽媽！」
- 媽媽還可以讓寶寶給物品排隊，請寶寶聽媽媽的口令指認誰在前，誰在後面。
- 現實生活中，媽媽還可以讓寶寶聽口令拿遙控器、拿拖鞋等現實生活中的小物品。

3、新媽媽新心得

- 剛開始遊戲時，一定要拿寶寶喜愛的物品進行遊戲，這樣才能吸引寶寶的注意力，激發寶寶的遊戲熱情。
- 寶寶雖然有記憶力，但是容易記，更容易忘，爸爸媽媽在遊戲的過程中，遇到寶寶忘記時不要著急，更不要苛責寶寶，耐心地再對寶寶重複一遍口令，直到寶寶記住。

新媽媽育兒理論小百科

讓寶寶聽口令拿東西，不僅鍛鍊了寶寶的記憶力，還鍛鍊了寶寶的身體協調性，比如，當寶寶去取東西時眼、手、腳的配合，簡單實用，也非常適合三、四歲的寶寶特徵，所以爸爸媽媽平時應該多和寶寶玩這個遊戲。

第六章

三歲寶貝遊戲

聰明寶貝「能言善道」

51 學學動物叫

一時心血來潮去書店給阿里小寶買了很多色彩鮮亮的插畫書。阿里小寶看到這些自然是滿心歡喜，並隨便拿了一本，指著上面的圖片跟我指認。

「這是apple！」阿里指著蘋果說，「這是pear，這是banana，這是potato……」一連好幾頁，阿里都用英文來說，其實幼稚園還沒有開設英文課，而我也只是指著實物，跟他教過一兩次的，沒想到阿里小寶記憶力這麼好，真是讓我這不愛學習的媽媽刮目相看。

隔天帶阿里小寶逛超市，來到水果區域，想要給他發揮自己所學的機會。可是，看到立體感十足的水果實物後，阿里小寶竟什麼都認不出來了，連中文也是牛頭不對馬嘴。先是指著番茄說桃子，然後又說蘋果是番茄，看到西瓜說是南瓜，真是讓我哭笑不得。看來，以圖片為主的認知還是存在一定的缺陷的，以後還得給阿里小寶多指認實物才好。

就在我挑選水果時，阿里小寶突然拉著購物籃跑去了一邊，等我緊隨其後追上他時，他已經在籃子裡裝了不少零食，還非常霸道的不讓媽媽靠近籃子。不得已，我只能給他買下。

從超市回來路上，阿里小寶突然來了興致，說要給我扮演小動物，一會兒說自己是小狗狗，嘴裡喊出來的卻是「喵」的貓叫聲；說是在扮演猴子，但樣子更像小猩猩；看到樹上一隻小鳥，阿里也學著鳥兒的樣子舉手飛翔，只是一邊演一邊對我喊，「媽媽，妳看我像不像鴨子！」讓我哭笑不得。

雖然這之前我指著圖書中的各種動物讓他認識，也教過他這些動物準確的叫聲，可是阿里小寶不知道怎麼就把貓和狗混淆了，也不知道怎麼就認為鴨子會飛，這些東西似乎已經根深蒂固在他的腦海了，讓我怎麼跟他糾正都沒用。

快到家門時，鄰居出來遛狗，那隻蝴蝶犬穿著漂亮的衣服從阿里小寶身邊跑過，一下就吸引了小傢伙的目光，「喵喵」的對著小狗喊，接著又讓我跟他一起追小狗。受到驚嚇的小狗反跑過來對著阿里「汪汪汪」的叫，驚得我一身冷汗。阿里小寶一開始有些驚訝，但很快，他嘴裡的「喵喵」換成了「汪汪」，這次的驚嚇，總算讓他明白了小狗到底是怎麼叫的，以後再見到小狗，他再也沒有發過「喵喵」的音。

每個小孩都需要教和引導才能進步，我想在合適的階段讓孩子認識一些動物、水果是很有必要的。只是，**新媽媽們要汲取教訓，不要把圖片做為孩子學習的工具，條件允許的話還是讓孩子接觸實物，這樣他們才不會「指鹿為馬」**，犯跟阿里小寶一樣的錯。

1、新媽媽的遊戲小道具

- 不同小動物圖片幾張，相對應的名稱字卡若干。

2、新媽媽的遊戲開始啦！

- 媽媽先拿小雞、小鴨、小貓、小狗、小羊等動物的圖片給寶寶看，如拿出小貓圖片，發出「喵喵」的叫聲，拿出小羊的圖畫，發出「咩咩」的聲音，寶寶聽到聲音覺得好笑，就會跟著學叫，並讓寶寶猜媽媽學的是哪種動物，讓寶寶準確找出相對應的動物圖片。
- 媽媽隨便挑出一張動物圖片，讓寶寶看著圖片說出圖片中動物的名字，並讓寶寶學這個動物的叫聲。
- 媽媽說出動物的名稱，讓寶寶取出圖片並發出該動物的叫聲。

3、新媽媽新心得

- 寶寶邊模仿動物的姿態，邊學著「汪汪」、「喵喵」的動物叫聲這些看來很簡單的模仿行為，對三歲的寶寶來說，是非常容易掌握，他們會很感興趣。
- 在這個遊戲中寶寶既瞭解了動物的特徵，又練習了正確的語音，對孩子的言語發展有一定的幫助。
- 到了三歲寶寶會對自己和他人的發音產生濃厚的興趣，喜歡做發音遊戲，尤其是學習動物的叫聲遊戲。因為在動物的叫聲中更容易出現發音的錯誤，藉助這個遊戲爸爸媽媽可以適當糾正寶寶的發音錯誤。

新媽媽育兒理論小百科

學動物叫是寶寶語言模仿技能的一個重要訓練。動物與人天然的親近性，使寶寶對動物產生濃厚興趣，在遊戲中會很快樂地發出動物特有的叫聲，可以很好地促進孩子開口說話的興趣。

52

一二三四五 快來數一數

某天下午，阿里小寶在客廳玩積木，先是歪歪扭扭搭建了一個房子，後來覺得無趣，又將積木擺成一條，再學著我的樣子，掐著手指數起數來，「一、二、三、四、五……」數到二十後，不知道怎麼數，便問我。我給他唸完二十~三十的數字後，一時多嘴，跟他說爸爸球衣上有二十二這個數字，讓他去看看。阿里小寶一聽我這麼說，立即起身衝進了臥室。很快「慘案」就發生了，當時老公將衣櫃門大開著在裡面找衣服，阿里小寶因為跑得太急腦袋一下撞在了衣櫃門角上，一時間血流如注，有暈血傾向的爸爸，腦袋一下變得空白，傻站著不知如何是好。

我從客廳進來看到此種景象，也是慌了手腳。慌慌張張翻醫藥箱，看到有醫用棉花，趕緊先壓住寶貝的頭部止血。可是沒用，很快棉花就被血滲透了。又看到紗布，趕緊又壓上去。孩子在哭，我

在一旁也是擦眼淚。因為沒有人壯膽，看到血的阿里小寶驚恐難耐，大叫著媽媽我是不是要死了。一番慌亂的止血未能很好止住後，我終於開竅讓老公發動車子去醫院。一進醫院我們掛了急診慌慌張張進入急診室，讓醫生趕緊包紮。只是醫生對這樣的情況見怪不怪，很不屑的讓我們排隊等候，讓老公和我幾乎心焦而死。還好此時，阿里小寶的腦袋已經止血了。

醫生的處理方式很簡單，用酒精消毒，紗布塗了一點消炎藥貼在頭皮算是了事。我們很不放心地問，這樣就可以了嗎？會不會有什麼後遺症？護士態度冷淡，說只是皮膚損傷，沒有傷到骨頭，傷口也不大，沒什麼大驚小怪的。

我跟孩子爸爸自然還是不放心，回家又上網查資料。並根據網路資料，觀察孩子有無嘔吐和精神委靡症狀，唯恐他被撞成腦震盪。大人緊張到不行，阿里小寶卻沒有什麼大反應，偶然哼唧傷口痛外，該吃該喝該玩跟平時無異。我跟他爸爸高懸的心第二天下午看他仍無任何反應時才算落下。

這件事情後，向來粗心又不懂得未雨綢繆的我，才開始關注一些關於小孩意外傷處理的方法。其實遇到像阿里小寶撞傷流血這樣的事情，在傷口不是太大的情況下，我們自己完全可以處理的，沒必要一定要去醫院。**沉著冷靜的父母應該用醫用酒精將傷口消毒，撒上止血藥止血就可以了。如果傷口太大需要縫合，父母也要用乾淨毛巾包好傷口，才能去醫院。**否則傷口一旦沾染細菌，很可能感染造成破傷風。準備各種燙傷、跌打損傷的藥物，懂得一些護理常識，是每位媽媽的職責。想來，自己做得還真是不夠。

對每個媽媽來說，在孩子成長的過程中，難免會碰到燒傷、燙傷、撞傷這樣的事情，提前懂得一些處理方法，準備一些處理藥物很有必要，如果媽媽們遇到這類事情慌了手腳，誤了寶寶治療的最佳時期，留下什麼後遺症那才可怕呢！

1、新媽媽的遊戲小道具

- 糖果、玩具等寶寶喜愛的物品。

2、新媽媽的遊戲開始啦！

- 媽媽先教口頭數數，教寶寶從一數到五。
- 媽媽拿出五個糖果，邊示範邊教寶寶分別摸著第一個糖果數「一」，摸著第二個糖果數「二」，摸著第三個糖果數「三」……這樣，讓寶寶按實物數數。
- 媽媽拿出五個糖果問寶寶：「這是幾個糖果？」讓寶寶邊摸著糖果邊數一、二、三、四、五，然後告訴媽媽五個。
- 媽媽指著一堆糖果讓寶寶從中再取出五個來，讓寶寶取出糖果。
- 等寶寶學會數數，取糖果時，媽媽再告訴寶寶，去拿五個糖果，或五個積木，或五個草莓……隨便五個什麼東西，讓寶寶完成任務。
- 等寶寶完全懂得了「五」的概念後，媽媽可以再教寶寶數到十、二十、三十……

3、新媽媽新心得

- 寶寶對「數」概念的形成是從口頭數數開始的，其過程是：口頭數數到按實物數數，再到利用數數結果說出實物的總數，然後到能按實物數取出同樣多的實物，最後能按言語指示拿出同樣多的實物。
- 寶寶把數和量聯繫起來是需要經過漫長的道路的。有關研究顯示，一般來說，對於數概念的掌握，二～三歲的寶寶才可以掌握到五，四～五歲的可以掌握到十，五～六歲的才可以掌握到二十。

新媽媽育兒理論小百科

數數遊戲可以很好地鍛鍊寶寶的抽象思維，它讓寶寶對事物的注意力脫離其表面和本身，而向別處和深處伸展。當然寶寶的思維受年齡、閱歷限制，往往達不到這樣的程度，但三～四歲的寶寶，已經孕育出這樣的萌芽了，如果爸爸媽媽能抓住時機用這個遊戲對寶寶有效引導，他的小腦瓜肯定會越來越「靈」的。

53

點一點，誰是誰找對號

阿里小寶從幼稚園放學回家後，表現得很不高興。我原以為是爸爸接他，我沒去，他在鬧脾氣的緣故。

「寶貝，今天媽媽有事沒能去接你，請你諒解哦！我保證明天一定去接你。」我蹲下來跟他解釋。

「不是的媽媽，今天老師責罵我了。」

「為什麼？你犯錯誤了？」我很驚訝，阿里小寶上幼稚園快一年了，向來是老師眼中的好學生，今天怎麼回事呢？

「他誤會我了！」阿里小寶帶著哭腔說。

經過我一番悉心引導，阿里小寶終於道出了原委。

原來，遊戲課上，老師給每個同學發了一個彩色塑膠球，小朋友們可以五個人組成一組，學習五

個一相加的得數。阿里小寶這一組中有個很淘氣的男孩，他先是搞破壞弄壞了自己的塑膠球，然後再趁阿里小寶不注意，把那個弄壞的球丟在了阿里小寶的身後。老師誤以為是阿里小寶搞破壞，說他是個驕傲的孩子，以後不會再喜歡他了。

「媽媽，那個遊戲很有趣，我知道五個一加在一起就是五，而且我也知道五減一是四，這些我都知道。只是老師責罵我，讓我沒機會跟他們說。」阿里小寶低下頭，一臉的委屈。

聽完阿里小寶講述，我有些氣憤，老師不問清楚事情責罵孩子就已經不應該了，還要加一句打擊孩子自信的話，說不喜歡他了，讓這樣的教師教孩子還真是令人擔心。

所以，我向阿里小寶保證，明天一定會找老師說清楚這件事，並讓她道歉。

「算了吧！媽媽，妳不是說吃虧有福嗎？」阿里小寶不知道怎麼就記住了我曾說過的這句話。

「算了吧！太太，得罪老師對孩子以後也沒什麼好處。阿里你也應該明白，不是有人說喜歡你就會一直喜歡你，即便你做得沒錯，別人也可能會誤會你，傷害總是有的，你只有變得更加堅強，才能抵擋這些負面的情緒。也就是說，只要你更加堅強了，就不會把別人的批評、誤會、捉弄當回事。這樣別人也就傷害不到你了。」阿里爸爸藉此機會給阿里小寶上了一課，雖然看得出阿里小寶並不是很明白其中的道理，但有一點似乎有所領悟，那就是不是所有人都能像爸爸媽媽這樣包容和理解他。

孩子在成長的過程中，雖然父母都在給他正能量，但還是不可避免的會受到外界的打擊。其實這也是好事，從他們遇到挫折開始，似乎也才真正的開始成長了。

1、新媽媽的遊戲小道具

- 寶寶喜愛的玩具五、六個。

2、新媽媽的遊戲開始啦！

- 媽媽將玩具散落在寶寶面前，引導寶寶說出各個玩具的名稱，並讓寶寶數一數一共有幾個。
- 媽媽引導寶寶按照玩具的大小或顏色給玩具排隊。
- 等玩具排好隊時，媽媽趁寶寶不注意，偷偷取出一個，讓寶寶點一點玩具，問他是不是少了一個。等寶寶發現玩具少了，媽媽再拿出少掉的那個玩具問寶寶：「這個玩具叫什麼？它應該在哪個位置？」讓寶寶說出玩具的名稱，然後把玩具放回原先的位置。
- 媽媽把玩具的順序打亂，然後拿起一個玩具問寶寶叫什麼，應該放在什麼位置，引導寶寶按照原先的順序給玩具排隊。

3、新媽媽新心得

- 溫馨愉快的氣氛有助於寶寶的語言能力開發，因此媽媽在遊戲的過程中要營造一種輕鬆愉快的氣氛。
- 遊戲過程中當寶寶說出的語句不大完整或詞不達意，媽媽不要急於糾正，而是耐心引導，不要給寶寶挫折感和心理壓力。

- 媽媽教寶寶對話，沒有絕對教科書，也不可能備課，主要靠日常生活的靈感觸發，媽媽要有足夠的耐心、愛心和細心，創造性的將對話運用於親子這個親子遊戲中。

新媽媽育兒理論小百科

三歲寶寶語言能力方面已經有了進一步發展，詞語量和掌握的隻字片語會迅速增加，會話能力總是在不斷模仿和使用中發展提高的。爸爸媽媽需要用這個遊戲和寶寶多互動交流，多下工夫引導寶寶，勤加訓練。

54

唱兒歌，玩遊戲

阿里小寶最近食慾不佳，上網路查找原因。竟然看到了唱歌增進寶貝食慾這樣的文章。文章說，寶貝食慾不佳除了脾胃出了問題，還跟情緒有很大關係。專家的建議是，媽媽為寶寶做餐點時可以哼唱快樂的歌曲，叫孩子吃飯時也要用歌唱的方式，媽媽端上來的餐點如果用歌唱的方式介紹名字，滑稽可愛的表演一定會讓孩子的情緒變好很多，進食也會比平時多一些。

平時唱歌都是為了哄阿里小寶入睡，或者純粹是唱歌載舞為了娛樂，還從未嘗試過用唱歌的方式來增進寶寶的食慾。後來嘗試一番，雖然未見阿里小寶食慾增進，倒是情緒明顯比平時快樂很多。

小麗倒是批評我說，只有懶媽媽，沒有不吃飯的小寶寶。她覺得很多小孩不吃飯、挑食，不是孩子的錯，是媽媽們太懶或養成的習慣不好造成的。小麗向來喜歡自己動手做各種餐點給她的孩子吃，早餐吃什麼，午餐吃什麼，晚餐吃什麼，點心又是什麼，每天晚上都會提前列好菜單，第二天照著上

面給寶寶做。我曾見識，無論她做的是什麼，他的孩子都能一掃而光，幾乎沒有不吃或挑著吃的習慣。

去小麗的網路部落格，裡面全都是她做的餐點的圖片和手做步驟，那些誘人的圖片，一看就讓人食慾大開，難怪他的寶貝會不挑食，吃得香，長得好。

「妳想想，即便是大人，也喜歡吃味道香的、好看的東西對吧！小寶貝也一樣的。**對三、四歲的孩子來說，鮮豔的色彩更能吸引他們的注意力，如果餐點做的就像藝術品，他們的目光自然會被抓住，再加上餐點味道不錯，孩子就會食慾大開。**妳可別說，帶孩子其實跟做工作一樣，也需要花心思的。既然我們待在家裡專門照顧孩子，就應該做到更好，不是說妳給孩子做了飯，完成了吃飯任務就完了，更主要的是妳要做得好，寶寶喜歡吃，吃了以後他能長得好，更健康，這才是全職媽媽的成就所在。」小麗頗有見解的跟我說。

想想確實如此，我們天天喊帶孩子累，擔心寶貝吃不好，挑食不好帶。其實，帶孩子就像做一項工作，抱怨顯示著妳在做這工作展現出來的負面情緒。如果孩子被妳帶得很好，吃得好，身體棒，精神素養高，學習能力強，便意味著妳把帶孩子這項工作做到了極致，如果妳一門心思帶著孩子，可是妳的小孩卻是瘦弱不堪，不吃飯、愛挑食、脾氣大、愛吵鬧，那麼在帶孩子這件工作上，妳就是失敗的，不管妳是否花費了精力，這項工作的實質成效都是差強人意。

想來，我自己並非是一個不錯的媽媽，我在孩子的吃飯上並沒有像小麗那樣花盡心思，在教育孩子方面，也是時常感性大於理智。基於吃飯挑食這個事情反思，深覺要將孩子教育成一個身體、心智都健全健康的孩子，還得好好花費一番心思才行，不知諸位爸媽是否有同感。

1、新媽媽的遊戲小道具

• 媽媽甜美的嗓音和寶寶靈活的小嘴。

2、新媽媽的遊戲開始啦！

• 媽媽坐在椅子上，將寶寶放在膝蓋上，輕輕抖動雙腿，還可以不時轉動，讓寶寶面對不同的方向。

• 媽媽一邊唱兒歌「爸爸、媽媽、大頭叔，一個一個把門出，媽媽跌一跤，爸爸跌一跤，只有大頭叔沒事，大步流星往前走，大步流星往前走，往前走。」一邊將隨著兒歌的內容讓寶寶從左向右、從前向後傾斜，最後讓他／她坐直身子。

• 媽媽多和寶寶玩幾遍這個遊戲，直到寶寶自己能記住兒歌的內容，並能完整地唱出來。

3、新媽媽新心得

• 寶寶的視野隨著媽媽的轉動而變化，他會以為這是隨著兒歌而變化的，從而會留意兒歌的內容和動作。

• 雖然寶寶對兒歌還聽不大懂，但是「爸爸」「媽媽」還是可以聽懂的，當他看到媽媽高興的表情，他就會知道這個兒歌很好聽，並很樂意學。

- 遊戲過程中，動作和兒歌串連，更容易加深寶寶對語言的認識。
- 遊戲時爸爸媽媽要注意寶寶的情緒，只有在寶寶情緒高的時候，才能有最棒的效果。

新媽媽育兒理論小百科

兒歌語言淺顯、明快、通俗易懂、口語化，有動作，有節奏感，它能喚起寶寶注意，鍛鍊聽力，培養語感，而且不耗時不耗力，隨時隨地，是一個爸爸媽媽與寶寶交流情感的好方法。

55 小腳丫有幾隻？

有天我跟老公嗑著瓜子，看著電視討論一個話題，阿里小寶幾次過來打攪。先是把他的幾輛車全都擺在我的懷裡，讓我數有幾輛，這事剛完又跑來讓我看看他的腳趾是不是多出來一隻，緊接著又過來拉起爸爸讓他跟自己玩數腳丫子的遊戲……老公好不容易安撫完了他過來坐下，阿里小寶又出來搗亂。等他第五次來搗亂時，阿里爸爸決定出招了。

「兒子，你這樣打擾到我們了。你要明白不能所有人二十四小時都圍著你轉，每個人都有自己的事情要做，包括你父母也不例外。」老公對他說。

「我也有做的事情啊！你不是說解決不了可以請教別人嗎？」阿里小寶有理由堵爸爸。

「請教別人也要分場合，如果對方很忙，或正在做他的事情，你就應該等對方完成自己的事情後再去打攪。」

「可是你們並沒有忙，你們在嗑瓜子。」阿里小寶振振有詞。

「好吧！孩子，爸爸問你，如果你在看動畫片，或者玩你的變形金剛時，爸爸第一次打攪你，你可能會接受，第二次呢？第三次，甚至第五次呢？你一定也會厭煩的，對不對？」爸爸繼續跟他講道理。

阿里小寶聽到這裡不高興了，「爸爸你厭煩我，你討厭我，你不喜歡我了，爸爸你壞！」原本有些難過的阿里小寶，說完這番話後，竟然大聲哭起來，任我在一旁怎麼哄他都沒用。

「你委屈對不對？」爸爸繼續發問。

「沒有，我就是想哭，你管不著。」阿里小寶翻白眼，接著繼續擦眼淚。

「好吧！你想哭就哭吧！但你在這裡哭打擾到我們了，你去你的臥室哭，哭夠了告訴我，我給你開門。」隨後，阿里爸爸站起來將哭得更厲害的阿里小寶帶到他的臥室。

大概五分鐘後，臥室裡再也無半點哭聲傳來，又過一分鐘後，阿里小寶開始拍臥室的門。

「爸爸，我哭夠了，開門。」

打開門，我跟老公常態迎接他。阿里小寶看到桌上最喜歡吃的西瓜，歡天喜地的吃起來，只片刻工夫，所有不快一掃而光，自此以後，他似乎變得更加懂事，每次有問題要問，都會說，爸爸／媽媽，你現在有時間嗎？我要……而他也不再隨便哭鬧，並沒完沒了。

想想，老公的這一制哭方法還是蠻有成效嘛！

1、新媽媽的遊戲小道具

• 寶寶乾淨漂亮的小腳丫子和他喜愛的動物玩具。

2、新媽媽的遊戲開始啦！

• 媽媽握著寶寶的小腳，一邊拉寶寶的小腳，一邊說：「寶寶有十個腳趾頭，他們是好朋友，更是好兄弟！」然後，開始數寶寶的腳趾頭，邊數邊拉邊說：「一個腳趾頭在看書，兩個腳趾頭在聊天，三個腳趾頭在吃飯，四個腳趾頭可以玩軍棋，五個腳趾頭是一家。」

• 當寶寶數完自己的腳趾頭時，媽媽拿出動物玩具引導寶寶從少到多地給動物們數數腳丫子。

• 在寶寶給動物們數腳丫子的時候，媽媽在一邊說：「一群小動物嘰嘰喳喳在比誰的腳多，誰的腳少，誰的腳用處大。小雞說我有兩隻腳，兩隻腳，走路又輕又巧。小兔說我有四隻腳，四隻腳，走路蹦蹦跳跳。螳螂說我有六隻腳，六隻腳，走路大擺大搖。螃蟹說我有八隻腳，八隻腳，走路橫行霸道。那麼，我的乖寶寶動物們的腳都數清楚了嗎？」

3、新媽媽新心得

• 在遊戲的過程中媽媽採用講故事的方式可以增加遊戲的趣味性，還可以很好地讓寶寶對這個遊戲感興趣。

• 寶寶數數能力有限，因此挑選動物玩具時不宜挑選腳過多的玩具，以免超出寶寶數數的能力範圍，給寶寶帶來挫敗感，影響寶寶的遊戲熱情。

新媽媽育兒理論小百科

這個遊戲簡單好玩，而且運用了故事的形式，更能激發寶寶學習的熱情，還可以很好地刺激寶寶語言的發展，更是讓寶寶積極地與爸爸媽媽互動，增進親子感情。

56

「我是動畫小人物」

有天阿里小寶從幼稚園回家後告訴我有人欺負了他。看著兒子胳膊上的淤青，我當時怒火中燒，恨不能立即找到那個小孩，以其人之道還治其人之身。但是，很快我就冷靜下來了，武力是解決不了任何問題的，如果我告訴兒子，下次對方再欺負你，你一定要以牙還牙，無疑是給兒子血液裡注入火力的成分，動手很可能就成為未來他解決問題的根本。

「孩子，你恨他對不對？」一番考量後，我問阿里小寶。

「是的，恨不能拿塊石頭敲破他的腦袋。」兒子咬牙切齒。

「好吧！媽媽給你拉來一車子的磚頭，我們就一塊兒敲他，讓他的頭連小塊骨頭都找不到。」我附和。

兒子聽到這裡，竟然破涕為笑。

「你還想怎樣？」我繼續問。

「拿你切菜的菜刀，就像海綿寶寶剁肉一樣，把他剁碎。」兒子說。

「好，我再多買幾把，我們一切剁，剁碎了當餃子餡包餃子。然後偷偷端給爸爸讓他吃掉。」我繼續附和他。

「哈哈，把爸爸噁心死！」兒子這個時候已經完全沒有了一開始的憤怒了。

「做完了這些我們做點什麼呢？」我繼續問他。

「讓他做 TOM 貓，讓大狗把他的屁股打開花。」兒子想起了動畫片中的情節。

「不不，他已經被爸爸吃掉了，這個時候，我們要準備棉被和很多衣服了。」我告訴他。

「咦？為什麼？」兒子很疑惑。

「因為我們打了他，吃了他，警察叔叔就會因為我們傷人和害人罪把我們關進監獄，最少也要判十年、八年的刑期，我們如果不多帶點衣服和棉被，那麼多年怎麼熬啊！」我跟他解釋。

「監獄裡沒有玩具車，沒有爸爸，沒有溜滑梯，沒有棒棒糖，更沒有動畫片，對不對。」兒子對監獄的概念不清。

「是的，什麼都沒有，甚至連一張溫暖的床都沒有，我們會一年四季睡在冰冷堅硬的地上。」

兒子聽到這裡，突然站住了，並用恐慌的語氣說道，「媽媽，算了，我們不敲他的腦袋，不做餃子餡了。」

「那你還恨他嗎？」我問他。

「不恨，其實我也有錯。」兒子低頭承認自己的不是。

這番對話後，在好幾個月的時間裡我都沒有再聽到兒子有關與人鬧摩擦、打架的事情。

1、新媽媽的遊戲小道具

• 寶寶喜歡並且熟悉的卡通書一本。

2、新媽媽的遊戲開始啦！

• 在較空曠的場地媽媽和寶寶坐下，媽媽拿出卡通書對寶寶說：「這些卡通人物，有許多有趣的故事，寶寶給媽媽講一講好不好？」引導寶寶講述卡通書裡描述的故事，讓寶寶記住裡面的卡通人物和故事。

• 故事講完後，讓寶寶挑選自己喜歡的一個卡通人物，並扮演它，媽媽也扮演一個角色配合寶寶表演卡通書裡面的故事。

• 媽媽還可以和寶寶互換角色進行表演，讓寶寶從另一個角色的角度來領會這個故事。

3、新媽媽新心得

• 為了增加遊戲的趣味性，媽媽還可以根據寶寶的意願讓寶寶打扮自己。

• 遊戲中盡量讓孩子主導，媽媽不要干涉太多，動不動就說寶寶錯了，有時還可以讓寶寶加上自己的創意發揮。

• 遊戲時如果寶寶哪一句話說不清楚，媽媽要盡量讓寶寶看清楚自己說這句話的口型，並透過聲調和表情的變化來刺激寶寶集中注意力。

- 遊戲的過程中媽媽不要太在意寶寶表演的精確性，只要寶寶能夠大體表演下來，媽媽就要誇獎寶寶，並鼓勵寶寶做得更好。

新媽媽育兒理論小百科

從模仿中學習語言表達，是人類學習語言的重要方式之一。

寶寶出生後不久，就開始在模仿中學習，並從中獲得知識和經驗。因此，在寶寶的不同年齡階段，爸爸媽媽帶著寶寶一起做各種模仿遊戲，對寶寶的身心發育，將會發揮到極大的促進作用。

57 超級模仿秀 看誰最像

有天，阿里小寶回家告訴我，說學校挑選了一些小朋友，要組成一個團隊，去某電視臺參加一個模仿秀節目。看著兒子垂頭喪氣的樣子，我知道他落選了。

「你也想參加？」我問他。

「是的。非常想。」兒子垂下眼皮說。

「你會跳街舞，模仿韓國舞王你最厲害，那你知道自己落選的理由嗎？」我問阿里小寶。

「那些選上的傢伙還沒我好看呢！舞也沒有我跳得好，老師就是偏心。」阿里小寶嘟嘟囔囔一肚子火。

「你確定他們並沒有你好是嗎？」我看向他。阿里小寶依然堅定的點頭。

「那麼，孩子，你要相信這個活動並沒有那麼重要，如果重要，老師一定會選擇最優秀的孩子去參加，如此，長得好、跳得好的你，老師怎麼會遺漏呢？」我跟他說。

「真的嗎？但我覺得是老師故意沒有選我。」阿里小寶又不高興起來。

「如果真是這樣，你更不應該傷心，沒必要為一個不知道欣賞你的人傷腦筋。也或者你的老師根本就不知道你跳得有多好。你是否在她面前好好表現過呢？」我丟下手裡的工作，耐心的跟阿里小寶解決這個問題。

「我想想，也許她真的不知道我跳得好不好！」阿里小寶斜著腦袋想一下後說。

這次談話結束後，阿里小寶似乎不再受這事干擾，看著電視裡正唱著 high 歌、跳著熱舞的歌星，抬手扭腰的模仿起來。

第二天放學後，阿里小寶竟然滿面紅光的衝進我的懷裡，興奮的告訴我一個喜訊。

「媽媽，妳知道嗎？我被選拔去參加電視臺的節目了。」

「是嗎？恭喜你孩子！」我並沒有急著問他被重新選上的理由。

「媽媽，今天舞蹈課我找到了老師，告訴她，說我跳得很好，長得也很好看，她應該選我去參加節目，她就讓我給她跳一段，等我跳完後，她就答應讓我去了。」阿里小寶目光炯炯、神采奕奕的說。

「你太棒了，孩子。**很多時候，機會不是別人給的，是你自己爭取來的**。也許你還不能深刻體會這句話，但從你經歷的這件事來看，只要我們相信自己很棒，並且真的能做到很棒時，別人就一定能看到的。你瞧，你們的老師並不是偏心，她只是一開始沒有注意到罷了，當你將自己的優秀表現出來後，她就認可了你對不對。」我趁機挑兒子能聽懂的話引導他。

「老師是個好老師，媽媽現在我參加了，這個活動很重要對吧？」阿里小寶突然靦腆的說。

「是的，很重要。加油兒子！」我給他打氣。

其實也多虧了平時跟阿里小寶玩的模仿遊戲，阿里小寶才會那麼熱衷的去效仿一個舞蹈明星跳舞。也正是這樣的模仿讓他有了一定的功底，並最終如願以償。新媽媽們不妨從以下遊戲入手，培養起孩子模仿他人的興趣，我想，能把模仿練到爐火純青也是一大能力啊！

1、新媽媽的遊戲小道具

- 寶寶喜愛的動物玩偶。

2、新媽媽的遊戲開始啦！

- 媽媽先找一塊開闊、平坦的場地和寶寶坐下，一起和寶寶觀察每個小動物玩偶。
- 媽媽引導寶寶模仿這些小動物的形象和走路的姿勢。遊戲開始前，媽媽要先示範。
- 等寶寶明白各種動物的特徵和動作後，媽媽引導寶寶做動作，比如做小雞的動作：模仿小雞走路時兩隻手放在胸前，雙手五指合在一起做尖嘴狀，大拇指在上，小拇指朝下，一邊走路，一邊做小雞啄米的樣子。小兔子則是兩隻手放在頭上，豎起食指和中指做兔子耳朵，蹦跳著走……
- 等寶寶會做各種動物動作的時候，媽媽可以和寶寶比賽看誰做得好。

3、新媽媽新心得

- 遊戲時寶寶動作做得不準確的地方，媽媽先不要著急著責怪，而是要鼓勵寶寶，當寶寶做對的時候媽媽更要誇獎寶寶、稱讚寶寶。
- 隨著寶寶年齡和本事的增長，可以讓孩子模仿更多的動物，如大猩猩、蛇、袋鼠、烏龜等。
- 媽媽如果能找到節奏明快的音樂伴奏，會更加有趣，寶寶更樂意玩。

新媽媽育兒理論小百科

模仿動物的遊戲，既有助於孩子身體運動能力的發展，又促進了孩子對動物的認識。遊戲本身輕鬆有趣，孩子會非常願意玩。

對問題，大辯論

有天從幼稚園接阿里小寶回家，一路上感覺阿里小寶走路怪怪的，我甚至在他身上隱約聞到了一股便便的味道。問他時，他卻什麼都不說。

回到家後，阿里小寶不像以往開始去吃餅乾，或倒他的玩具車隊，而是直奔他的小臥室而去。深覺情況不妙的我，偷偷尾隨。在阿里小寶翻出一條褲子，脫下自己腿上的舊衣打算更換時，我終於明白了阿里小寶回家路上種種怪相的原委──他大便大到褲子裡了。

為了不讓他太過驚慌弄得一團糟，我輕輕關上門，並在外面敲敲說道：「阿里，媽媽知道你遇到麻煩了，但是現在如果不加處理就把褲子穿上，便便會弄到新換的褲子上，臭味也除不去，不如跟媽媽洗個澡，乾乾淨淨換上新衣服好不好？」

阿里小寶先是被我的敲門聲一驚，隨後，快速脫下褲子，打算不理會我說的，套上乾淨的那條了事。

「阿里，媽媽知道你不是故意的對不對，你今天肚子痛，又不好意思跟老師請假，所以才會弄成這樣對吧！媽媽上學時也遇到過這樣的情況，你知道我是怎麼處理的嗎？」見阿里小寶不理會我一開始的那番話，我不得不換可能會吸引他的內容。

「怎麼處理的？」阿里小寶終於可以面對我了。

「那天我肚子很痛，又不好意思跟老師請假，所以我就大在了褲子上，但是，便便很臭，薰得老師和同學們難以忍受，最後老師就指著我說，『妳趕緊給我回家收拾乾淨，明天如果身上還有味，就永遠不要來上學了。』」我學著老師的口氣，搞怪表演。阿里小寶聽到這裡，竟哈哈大笑起來。

「媽媽當時快要羞死了，心裡想，如果我跟老師請假，去洗手間解決，就不會弄髒褲子，也不會弄出臭味，老師也不會當著全部小孩的面指責我。你多幸運，老師、同學都不知道，現在洗洗乾淨，神不知鬼不覺，明天一樣是乾淨可愛的好孩子。」

在我的一番言語攻勢下，阿里小寶乖乖進了浴室，配合著媽媽洗乾淨了屁屁。

「褲褲，很臭是不是，啊，你在哭嗎？是誰把你弄哭的呢？」我指著丟在一旁染著風采的褲子故意問。

「媽媽，是我，是我，是我把褲褲弄哭的。」阿里小寶指著褲子不明就裡的說。

「它為什麼要哭呢？」

「因為我把他弄髒了，對不起，下次我一定把屁屁洗乾淨了再穿你。」阿里天真的向褲子道歉。

自此，此類事件再也沒有發生過。

1、新媽媽的遊戲小道具

・一本寶寶喜愛的圖畫書。

2、新媽媽的遊戲開始啦！

・媽媽拿出圖畫書，讓寶寶看書上的一切植物、動物、人物的動作和表情等等。

・媽媽問寶寶：「他（它）們正在幹什麼？」、「這是什麼地方？」……讓寶寶透過這樣的分析後，展開想像，說出自己的想法。

・當寶寶說得不符合邏輯時或者不符合事實時，媽媽可以提出自己的疑問：「為什麼是這樣呢？」、「這樣安排合適嗎？」……讓寶寶為自己解釋、辯解。

・媽媽也可以給寶寶提出自己的建議，問寶寶：「你看這樣是不是比較好？」然後一起和寶寶分析其中的利弊，讓寶寶說出好在哪裡，不好在哪裡。

3、新媽媽新心得

・遊戲時，媽媽要善於用提問和提示的方式鼓勵寶寶說出自己的想法，這樣既能為寶寶今後學習書面語言、寫作等打下紮實的基礎，還能給寶寶自由想像的空間，可謂一舉兩得。

・寶寶解釋自己的想法時，媽媽可以適當和寶寶辯論，但不要太激烈地反駁寶寶，而是要循循善誘，讓寶寶認識到不合理的地方。

• 這個遊戲有點難度，爸爸媽媽要明白，這不是硬性規定的任務，也沒有什麼考評的指標，只是一個輕鬆可行的遊戲，輕鬆對待就好。

新媽媽育兒理論小百科

適當的辯論會讓寶寶思維敏捷起來，讓寶寶語言流暢起來，說話有邏輯性，看問題準確，這是成功的基礎，更是成長的需要。

59 換角色，講故事

阿里小寶一歲多時，時常從我手裡搶勺子要自己吃飯，儘管拿捏得不好，但偶然也能送一些米粒進入口中；兩歲時拿筷子已經拿得很好，不過，雖然姿勢標準，卻從未夾起過菜。所以，在他兩歲半前，吃飯的事自然是媽媽幫他解決。只是後來聽朋友說，**孩子早早的自己拿筷子、用勺子，對他智力的開發有好處**，自此，我開始訓練阿里自己吃飯的能力。所以，等到他三歲時，對於勺子、筷子已經運用得遊刃有餘。

但是，就像他走路越來越好時反而不願意自己走一樣，阿里小寶在會使用勺子、筷子之後，竟然棄之不用，反而每每吃飯都要吵著讓媽媽餵，理由一堆，說媽媽餵的飯更香。

有天，家裡來了客人，我把一桌子菜弄上桌，打算吃飯時，坐在我旁邊的阿里小寶遲遲不願動筷子。我問他原因，他竟偷偷在我耳邊說要我餵。

「那位阿姨看見會笑話的，阿里是大孩子了，還讓媽媽餵飯會很丟臉的。」我偷偷告訴他。

「我才不管，我就要媽媽餵。」阿里小寶使出他金牛座的倔脾氣不願聽話。

「媽媽忙了一天，很累很餓，我們一起動筷子吃飯好不好。」我繼續跟他講道理。

「不好，我就要媽媽餵。」阿里小寶硬是不聽。

「其實，媽媽也希望有人餵飯給我吃。要不今天寶寶餵媽媽好不好？」

「哦，好！」阿里小寶突然對這一活動很感興趣。

「要不這樣，你餵媽媽一口，媽媽再餵你一口，這樣我們兩個都能吃飯了，好不好？」我繼續使計策。

「好，張嘴！」阿里小寶行動起來，用勺子弄米飯。雖然阿里小寶自己吃飯沒問題，但如果想要餵別人吃飯，還是有點麻煩，他的手僵硬地往我口部送，儘管我配合得很賣力，可是最終也未能吃到兒子餵來的一顆米粒。幾番嘗試後，兒子終於失去了耐心。

「真是麻煩，不餵了，不餵了。」阿里小寶放棄。

「可是兒子，我做到了，你沒有。這樣不對哦！」我用激將法，兒子又開始嘗試，但最終還是以失敗告終。

「媽媽對不起，原來餵飯這麼辛苦。我們各自吃各自的好了。」兒子終於意識到這是一項高難度任務後，終於理解了媽媽餵他吃飯的不易。

1、新媽媽的遊戲小道具

• 一個趣味橫生同時又短小精悍的小故事。

2、新媽媽的遊戲開始啦！

• 媽媽先給寶寶講故事，如果寶寶還沒記住故事，可以多講幾遍，讓寶寶記住。

• 媽媽和寶寶一起分析故事中有哪些人，做了哪些事，有什麼樣的結果，等寶寶明白了這些關係後，讓寶寶展開想像，給媽媽複述這個故事。

• 在寶寶複述故事的過程中，如果寶寶說不下去了，媽媽要立即想辦法啟發他，幫助他說下去，比如可以問他主角叫什麼，要做什麼事，遇到了什麼苦難等等，提示寶寶講下去。

• 媽媽要做故事的記錄者，當寶寶說了一些妙趣橫生的話語或把一個情節曲折的故事講得很精彩時，媽媽要即時地記錄下來，給寶寶做些回顧，讓寶寶有成就感。

• 等寶寶熟悉了這個遊戲規則後，媽媽可以換一個故事進行，先媽媽講，後讓寶寶講給媽媽聽。

3、新媽媽新心得

• 一般說來，對寶寶而言，故事的開頭較難，可以由媽媽來說開頭，媽媽可以教寶寶用「有一天」、「一個星期天的早上」、「我有」……等類似的語言開頭，給寶寶適當的啟發然後讓寶寶接著講故事。

• 媽媽給寶寶提示的時候，應注意盡量不要讓寶寶的想法被自己的想法所限制，要讓寶寶自己去想像，以培養他的想像力。

- 寶寶編完故事之後，爸爸媽媽應給予評價，以鼓勵為主，適當地指出想像上或者語言上的毛病。

新媽媽育兒理論小百科

講故事可以滲透到生活的各方面，爸爸媽媽要把握好每一個時機，用提問和提示的方式鼓勵寶寶從小講故事，既能為寶寶今後學習書面語言、寫作等打下紮實的基礎，還能給寶寶自由想像的空間，可謂一舉兩得。

60 數一數，拾豆豆

阿里小寶突然變得很愛美，這天上學我剛給他穿好衣服，他就嫌不好看說要自己找，於是，翻箱倒櫃，弄得一地狼籍才找到一套自認為不錯的衣服——一件牛仔衣，一條黑色褲子。穿好後，又讓我好好打理他的頭髮，並在我弄好後一再說我對他敷衍，沒有以往打理得好。出門時，他又在鞋櫃裡翻弄半天，非要穿他的黑色皮鞋。

這可是以往很少有的！

晚上，接他回家，阿里小寶突然滔滔不絕地說起他的新同學來。

「嗯，馬子瑤說我這樣穿很靚，馬子瑤給了我一塊橡皮擦，馬子瑤的家就在我們家後面，馬子瑤不喜歡高小虎，說他長得像黑猩猩，今天我跟馬子瑤一起玩了數豆豆遊戲，她說我能數到三十，太厲害了……」幾乎每句話都有個馬子瑤。

「馬子瑤是剛來你們幼稚園的嗎？你很喜歡她是不是？」我終於知道阿里小寶早上愛美的原因所

在，於是裝得隨意問他。

「媽媽討厭。」阿里小寶不正面回答我。

「她長得很漂亮，你很喜歡她對不對。」我繼續問。

「不知道，什麼啊！」阿里小寶明顯有逃避意思。

「阿里你不是說媽媽是你最好的朋友嗎？朋友之間要說實話。告訴媽媽，你為什麼這麼喜歡提馬子瑤呢？」我想小孩子之間的情感雖然不足為患，但還是要正確疏引才行。

「馬子瑤的眼睛很漂亮，同學們都覺得她的眼睛像葡萄，她的皮膚是我們班最白的。高小虎說他喜歡馬子瑤，可是馬子瑤說他喜歡我，今天放學的時候，她還親了我的嘴巴，說這樣，她就是我的女人了。」阿里一字一句，可是一旁聽的我驚得半天說不出話來。

「馬子瑤每天都穿不同的衣服，我們班女生都問她怎麼梳的辮子，那麼好看。高小虎說馬子瑤像女王。」阿里繼續熱情的介紹這個馬子瑤。

「媽媽打斷你一下可以嗎？」我蹲下來面向阿里孖。「聽你這麼說，我很高興，因為你們班最漂亮的女孩喜歡你，你也很喜歡她對不對。但是，如果你的女人馬子瑤說他要一個雪糕，你有錢買嗎？」我問。

「有，我有奶奶給的壓歲錢。」兒子很自信。

「她要你從一數到一百，你會嗎？或者她要一輛爸爸開的那樣的車，或者我們住的這樣的房子，你有錢給她買嗎？」我問阿里孖。

「可以把我們家的都給她！」兒子毫不吝嗇。

「這樣的話，我們一家就要睡在大街上了。更何況，這些東西是爸爸的，他已經把他的這些東西送給了他最愛的女人——你的媽媽我，你要送東西給你的女人，就要自己去賺。」向來，我最喜歡用這樣的方式讓阿里小寶明白一些道理。

「可是我還這麼小，怎麼賺錢？」

「所以，現在你什麼都給不了她，你甚至連數數到一百都做不到。那該怎麼辦呢？就要好好吃飯，趕快長大，多學知識，有了學問就有公司請你去工作，這樣你就有錢買你想買的東西了。」

「哦，我知道了，從今晚開始，我要吃兩碗飯，我要長得比媽媽還要高。今晚，我還要從三十數到一百。媽媽，趕緊走，妳太慢了，我要回家學習。」兒子積極的往家趕。

有時候，**要把一些負面的東西轉化成正能量，也是需要目標和夢想的**，對小孩子來說，也不例外。

1、新媽媽的遊戲小道具

- 一把小黃豆，一把小紅豆，和兩個小盆或小碗。

2、新媽媽的遊戲開始啦！

- 在空地上，讓寶寶坐下，給寶寶一個空的小碗放在旁邊。
- 媽媽一邊唸兒歌：「紅豆豆，黃豆豆，房前屋後種一溜。」一邊把豆子撒在空地上。撒完後，對寶寶說：「撿豆豆了，收豆豆了，一二三四五，真是大豐收。」然後讓寶寶與媽媽一邊數數一邊撿豆子，並讓寶寶把同一顏色的豆子撿到同一個碗裡。

- 豆子撿完後媽媽唸兒歌：「春天種，秋天收，大袋小筐裝滿豆。」然後和寶寶把豆子收好。

3、新媽媽新心得

- 撿豆子的時候媽媽要注意一定不能讓寶寶把豆子放進嘴裡吞服下去，媽媽要看護好寶寶。
- 寶寶在撿豆子的時候，媽媽要不斷地表揚寶寶鼓勵寶寶，讓寶寶堅持把豆豆撿完。
- 當寶寶把豆子撿完，媽媽要即時表揚他：「寶寶真能幹，粒粒豆子都收完，明年種豆豆，還請寶寶來幫忙。」一邊說邊撫摸或親親寶寶。

新媽媽育兒理論小百科

這個撿豆子遊戲有兒歌配合，有趣好玩，寶寶會很喜歡，另外這個遊戲可鍛鍊寶寶身體協調能力、手部動作能力、語言能力、記憶能力，培養寶寶細心、耐心的做事態度。

第七章

開發寶寶小腦瓜

三~四歲寶貝遊戲

61

蓋房子，砌柱子 看誰搭得高

都說寶寶是上天賜予爸爸媽媽最好的禮物，是墜落人間的天使。相信很多人和我一樣為人父母時，心情都會格外的激動，雖然偶爾會想到寶寶的撫養、教育，難免感到責任重大，害怕力不從心，但更多的時候是對寶寶未來的憧憬，對新生命的欣喜和希望。

是的，生命是美好的，從十月懷胎，到第一聲啼哭，到第一次叫爸爸媽媽，到邁出第一步……就如同登山旅遊一樣，山底、山腰、山頂都有自己獨特的風景，給爸爸媽媽不同層次的驚喜和愉悅，寶寶成長過程中的每個細節都是能讓父母回味無窮的幸福時光。

寶寶是上天給爸爸媽媽最好的禮物，那麼爸爸媽媽要給寶寶什麼樣的禮物才算是最好的禮物呢？如今我們的小阿里已經四歲了，簡單的布娃娃、毛絨玩具，他早已玩膩，很多都被他「束之高閣」了。

一次，我帶著小阿里去小麗家串門子。小麗的兒子正在玩動腦機，小阿里見到這麼個新鮮的玩意兒，立刻就湊了過去。我和小麗便坐在沙發上聊天，沒想到不一會兒兩個小傢伙居然打了起來，原來兩個人都搶著要玩動腦機。搶的結果當然是小幾個月的小阿里敗下陣來。

「呦，小阿里啊，你媽媽那麼兇的，你怎麼沒學到一點。」小麗不懷好意地說道，「每次我和你媽媽搶東西都是阿姨輸哦！」

我白了小麗一眼說道：「有妳這樣對寶寶說話的嗎？欺負我們家小阿里沒玩具是不是？」

小麗對我做了個鬼臉：「哪敢。不過這個動腦機還真的挺好的，妳也可以給小阿里買一個。」

「妳怎麼想到給寶寶買這麼個玩意兒？」

「現在的孩子都對數位產品感興趣。剛開始我兒子天天跟我搶 iPad 玩，但見他玩來玩去都是些只圖過癮又不動腦子的切水果之類的遊戲，我還是希望他邊玩邊動腦的好。後來我給他找了個叫動腦機的玩具。不過這個還真不錯，挺能鍛鍊各方面思維能力的，像記憶力、想像力、邏輯推理力、雙語……遊戲分門別類很有針對性，孩子也挺愛玩，寓教於樂做得還不錯。」

雖然給寶寶選益智玩具我很有心得，什麼積木、拼圖、魔術方塊……我哪一樣沒給小阿里買過，但是動腦機我還第一次聽說，聽小麗說得這麼好，我打算也給我們的小阿里買一個。

後來我發現，自從小阿里玩上這個動腦機後好像真的有那麼點與眾不同了。大他一歲的小堂姐來家串門子，一定會一起玩動腦機，但很多方面小堂姐都會敗下陣來。比如比拼記憶力，只那麼一眼，小阿里就能記下二十多個，但她堂姐十個左右就是上限了。阿里跟堂姐玩堆積木，積木是小阿里最喜歡的玩具，幾乎百玩不厭，他堂姐只知道照著圖片堆樣子，阿里卻能變化花樣，堆出各種創意圖形來。

其實堂姐也不笨的，但同時學新東西，小阿里總是記得更快更牢些。還有玩考觀察力、注意力的遊戲，受動腦機鍛鍊的小阿里確實有優勢，遊戲上常常勝出，生活上小阿里也更比她堂姐更會察言觀色些，機靈性特別討親戚們的喜歡。

當然，這裡我要提醒新爸爸新媽媽們，**益智玩具不像在教室裡學知識，不是能靠學了幾個字、幾首詩很快衡量出來的，它是「潤物細無聲」**，久而久之妳會發現孩子聰明了，學得快，會舉一反三，這種本事可不是靠磨時間死記硬背學得來的。

1、新媽媽的遊戲小道具

- 一盒漂亮的積木。

2、新媽媽的遊戲開始啦！

- 媽媽和寶寶面對面坐好，媽媽先引導寶寶用積木蓋一座房子。
- 等寶寶懂得如何運用積木蓋房子時，媽媽和寶寶二人同時用方積木蓋一棟高樓，蓋好高樓後，媽媽和寶寶一起數一數看看彼此的樓房有幾層，比比誰蓋的高。
- 媽媽還可以引導寶寶將積木橫排在桌上，讓寶寶連成一列長長的「火車」，並一起數一數火車有幾節車廂。
- 媽媽讓寶寶自己隨意蓋積木，看寶寶蓋出來的東西像什麼，啟發寶寶的想像力，然後和寶寶一起給它取個名字。

• 遊戲結束後媽媽要和寶寶一起把積木放回原處，讓積木「回家」，從而培養寶寶養成遊戲後把玩具收進盒子裡的好習慣。

3、新媽媽新心得

• 剛開始如果寶寶對這個遊戲不感興趣，媽媽可先堆二～三塊積木，示範給寶寶看，必要時可讓寶寶推倒做為鼓勵。

• 剛開始玩遊戲的時候媽媽可以先一邊教寶寶如何堆蓋積木，然後換成語言指導，最後給寶寶提出「蓋高樓」的任務。

• 當寶寶學會堆三～四塊積木後，媽媽要即時鞏固成果，保持寶寶興趣是很關鍵的，一定要變換方式讓寶寶願意繼續遊戲。

新媽媽育兒理論小百科

這個遊戲中，寶寶想要搭出各種形狀的物品，需要靈活的手和敏捷的思維配合，可以促進寶寶視覺、觸覺、想像力和創造力的發展。除此，寶寶的手的肌肉也得到了鍛鍊，手指的靈敏和準確性得到了提高，發展了眼、手、腦等器官協調並用的功能。

62 一二三，一起做彩蛋

早上起床，時鐘已指向七點半，糟糕了，老公的早餐還沒準備好，小阿里還要去幼稚園，為求速度，我在催促小阿里起床和幫他穿衣服上，都顯得不夠溫柔，甚至有點粗魯的一把將他推進了浴室梳洗。

老公吃完早餐上班，我在收拾碗筷時，才發現小阿里居然一口也沒吃，嘟著小嘴，一臉的不高興。

「小祖宗，這是怎麼了？」我蹲在他身邊笑著問他。

沒想到小阿里白了我一眼說道：「壞媽媽！」

天啊，自己什麼時候居然成了「壞媽媽」了！我感到萬分委屈：「媽媽怎麼就成壞媽媽了？」

「媽媽不讓阿里睡覺，媽媽對阿里兇。」小阿里嘟嘟喃喃地說道。

原來小傢伙怪我早上催促他，對他不夠溫柔了，他希望每一天都有一個很好的開端，早上一醒來映入眼簾的是媽媽熟悉又親切的笑臉，聽到的是「阿里早，太陽公公和寶寶一起起床啦！」這樣親

切地問候。這似乎已經成了他生活的一部分，在爸媽這樣的溫柔招呼中，他的心情會非常的愉快，上學的熱情似乎更高昂一些，一路上也會嘟嘟嘟不停地跟我說話，親子關係一眼就能看出來很融洽，這樣的習慣一旦被我的壞情緒打亂，小阿里便會變得煩躁和鬱悶，就如現在一般。即便我後來招數施盡，也不可能讓他的心情明媚起來。其實，這是有先例的，只是大人在慌亂中，有時難免顧及不到孩子的情緒，等到意識到了，我已經得罪了孩子那顆小小的自尊心。

「寶貝，每個人都有慌亂和緊張的情緒，這種情緒來時，肯定會顧及不到別人的感受，你要理解媽媽，媽媽早上要給爸爸和你準備早餐，還要收拾碗筷，送你去幼稚園，然後還得去上班，因為時間太緊，所以動作上難免會粗魯一些，不過，這並不代表媽媽不愛你。你明白嗎？以後，你快快起床為媽媽省點時間，這樣我們就可以散步去幼稚園，一路上聞聞花香，看看白雲，是不是比賴在床上要美好得多？」我耐心地跟小阿里講。兒子似懂非懂的點點頭。

「寶貝乖，只要你開開心心上學去，回來媽媽教你玩一個好玩的遊戲——『做彩蛋』好不好？」我知道想要「挽救」寶寶一個好心情，莫過於和他一起做遊戲了，我便用遊戲來「引誘」小阿里。

果然小阿里馬上來了興趣：「媽媽，什麼是做彩蛋？」

我神秘地說：「這個秘密只能晚上揭曉哦，只要小阿里乖乖上學，晚上媽媽一定和小阿里玩。」

沒想到小阿里聽我這麼一說好奇心更是上來了，我只好對他說：「媽媽需要準備，晚上才能玩。」小阿里這才滿懷期待地上幼稚園去。

親子關係是個很微妙的詞，父母的一個不小心，就會跟孩子產生芥蒂，所以，用心經營是每個父母的責任。

聽一位專家朋友的講座，他說，寶寶來到人間，從落地的那一刻起就開始接受人類社會的教育，慢慢的，將由一個「生物人」轉變成「社會人」，有著做為人的種種心理活動。所以，**做為爸爸媽媽不是在生理上滿足寶寶吃好、睡好、生活有規律、乾淨健康就行了，還要懂得滿足寶寶的心理需求。**因此爸爸媽媽離家上班時，要擁抱寶寶，或親吻寶寶，和寶寶皮膚接觸，說上幾句鼓勵的話，微笑地和寶寶說再見。清晨的這段時間，爸爸媽媽的笑臉和關心會給寶寶的一天帶來新的氣息和良好的情緒。

下班了，應該花一點時間聽聽寶寶的述說和提問，為寶寶唸唸兒歌、講講故事、唱唱歌，或和寶寶做遊戲。這些活動花費的時間並不多，卻可以讓寶寶的心理得到極大的滿足，同時，爸爸媽媽也可以藉此輕鬆一下，調劑一下勞累了一天的身心。

看來，爸爸媽媽無論什麼時候對寶寶都要親切、耐心，不要把不好的情緒在寶寶面前展露，給寶寶樹立一個好的榜樣，給他提供一個好心情。

1、新媽媽的遊戲小道具

- 水煮雞蛋幾個（最好別用生雞蛋喔，破掉很麻煩呢！）、油性筆或彩色筆、水彩筆或顏料、蠟筆。

2、新媽媽的遊戲開始啦！

- 媽媽拿出彩筆和熟雞蛋對寶寶說：「寶寶我們一起來做彩蛋，你想在雞蛋上畫什麼就可以畫什麼哦！」

• 然後媽媽引導寶寶用油性筆或者彩色筆為雞蛋設計基本樣式。

• 等雞蛋的基本樣式畫好後，媽媽再讓寶寶用彩筆給雞蛋上色。

• 媽媽引導寶寶將畫上圖案的彩蛋放在桌子上旋轉，讓寶寶觀察色彩的變化，感受旋轉帶來的樂趣。

3、新媽媽新心得

• 雞蛋的選擇請盡量選用白皮雞蛋，因為它的顏色較淺，著色後的效果更好，另外雞蛋易破殼，要讓寶寶輕拿輕放。

• 製作彩蛋時，媽媽要引導寶寶不能將各種顏色混在一起，也不要將顏料碰到自己衣服和眼睛。

• 製作過程，盡量讓寶寶主導，爸爸媽媽不要干涉太多，尊重寶寶的意願讓寶寶充分發揮想像力，畫自己所想的彩蛋。

新媽媽育兒理論小百科

製作彩蛋是一項藝術活動，完全由寶寶自己去探索、去發現、去改善方法、去找到結果，這樣的製作活動讓寶寶充分發揮了自己的想像力，體會到了另一番滋味，更是鍛鍊了寶寶自身。

63 裝扮「動物園」

這一天，吃完飯後，小阿里拿著尺子讓我量量他，量完後，他對我說：「這幾天我吃這麼多飯，又這麼聽話，怎麼還不比媽媽高呢！」

「你就是一個小笨蛋，小笨蛋怎麼會長高呢？」一旁的外婆笑著說道。

「我才不是小笨蛋呢！」沒想到小阿里見外婆這樣說他居然生氣了。

前幾天小阿里由於受動畫片的影響特別迷戀小動物，又是取名字，又是給穿衣服，又是佈置「房子」的，把家裡的小動物玩具及收納動物玩具的小箱子來來回回折騰了一番，但是和同齡人相比，他的手腳顯得有點笨拙，給「小動物」們穿的衣服歪歪扭扭的，為此，外婆經常說小阿里笨，總是把他和他的小夥伴比較，誇人家小孩做得好。

其實在我看來小阿里已經很棒了，我從來都沒有教過他做這些，他給動物取的名字很有創意，比如他把自己的熊玩具叫「森林笨笨」，給小兔子玩具取名叫「機靈鬼」——這正好昭顯出他有著一般

小孩沒有的創造力。只是，外婆的話讓小阿里心裡很難過，對自己很沒信心，後面我再怎麼鼓勵他就是不再玩這些動物玩具了。之後，我費了好大的勁用「佈置動物園」這個遊戲才讓小阿里再次親密接觸這些動物玩具。為這，我跟阿里外婆還有了一點小摩擦。外婆倔強的認為，小孩子懂什麼打擊不打擊的，再說，打擊他一下，才能讓他知道自己的不足，以後才會用心做事。

「這哪裡還有促進作用，愛打擊的他都不願碰那些玩具了。」我很不滿地說道。

「妳放心，小孩子哪懂得這些，他不會放心上的。」阿里外婆還是不以為然地。

「誰說小孩子不懂這些，妳看看阿里。」我拗嘴說道，「人家早就不滿意啦！他現在已經是小大人了，也有自己的自尊心。我每次想讓他做點什麼事都要客客氣氣的用『請』字，不『請』他，小傢伙還不做呢！」

「那都是妳慣的！」阿里外婆反而有意見了。

最終我們也未能達成一致。

我的專家朋友曾說：孩子雖然小，**但是他們也有自己的人格尊嚴，一旦他感受到自己的人格尊嚴受到侮辱或者輕視，心裡就會產生不愉快的情緒，更可怕的是孩子萬一喪失了人格尊嚴的需求，也會隨意踐踏別人的。**所以，做為爸爸媽媽要懂得尊重孩子。孩子從小受到尊重才會產生自尊心，長大後也更會懂得尊重別人，如此，孩子才會生活得更愉快，身心才能得到健康發展。

朋友的建議是，爸爸媽媽不要把孩子當成玩物，有意識無意識地隨便戲弄孩子，比如，孩子反應遲鈍一點就罵孩子是「笨蛋」、「無能」；看孩子長得瘦瘦小小就叫他「小瘦猴」；孩子長得白白胖胖就叫他「小胖豬」；在別人面前說孩子的一些糗事，讓別人娛樂等等，這些都是對孩子不尊重，也會傷害孩子的自尊心。

對孩子不尊重會讓孩子覺得自己受冷落了，或自己做的不好，從而導致孩子產生自卑心理，甚至有的還會導致自閉症，一旦孩子覺得自己的想法和建議得不到尊重，就會把自己封閉起來，想想這都覺得可怕。

1、新媽媽的遊戲小道具

- 動物玩具若干個及小卡片若干張。

2、新媽媽的遊戲開始啦！

- 媽媽和寶寶在家裡的一角先把動物玩具拿出來，把家裡當作一個小小的「動物園」，然後媽媽再把各種動物喜歡吃的東西繪製在卡片上。
- 讓寶寶在「動物園」裡佈置動物，並要讓寶寶說說為什麼這麼佈置，盡量讓寶寶按照一定的邏輯來佈置，比如，食草放在同一個地方，食肉的則放在另一邊。
- 「動物園」佈置好後，媽媽帶著寶寶參觀，參觀的過程讓寶寶告訴媽媽各種動物的名稱及特徵。
- 在寶寶講解的時候，媽媽拿出卡片問寶寶各種動物的食物是什麼，並讓寶寶給小動物「餵食」（把卡片和相對應的動物放在一起）。

- 參觀「動物園」時媽媽還可以讓寶寶讓寶寶親親抱抱小動物，學學小動物叫。

3、新媽媽新心得

- 在佈置「動物園」時，媽媽要盡量尊重寶寶的意願安排各個動物的位置，並讓寶寶解釋為什麼要這麼做。
- 當遇到寶寶不認識的動物，媽媽要詳細耐心地給寶寶講這個動物的名字和特徵，並讓寶寶記住。
- 不論是佈置「動物園」還是給動物「餵食」，當寶寶做對了，媽媽都要誇獎寶寶，當寶寶沒做對時媽媽要耐心地引導寶寶按照正確的方法去做。

新媽媽育兒理論小百科

佈置「動物園」可以讓寶寶很好地認識動物，親近動物，同時更是發揮了寶寶的聰明才智，可以很好地鍛鍊寶寶的思維和行動能力。

64

給布娃娃換嫁衣裳

小阿里四歲後，越來越調皮，已經不滿只有我這個媽媽陪他玩了，經常要我帶他到社區找他的小夥伴玩。

一天，全家人吃完飯正在看電視，小阿里突然一本正經地向我們宣佈：「爸爸媽媽，我喜歡上了一個小美女。」這突如其來的告白讓我和老公頓時感到十分震驚：以前是偷偷喜歡，現在是明目張膽，這還怎麼得了。

於是我故意掩飾自己的不安，以十分隨意的口氣問兒子：「是嗎？那個小美女叫什麼名字啊？你喜歡她什麼啊？」

「她叫佳佳。」小阿里驕傲地說，「她不僅長得漂亮，而且對我可好了。她總會把好吃的分給我吃，她還給我摺了一隻小鳥，她還會跳舞，像小仙女，大家都很喜歡她，我也喜歡她。」

原來小阿里說的就是跟我們同一棟樓經常跟他一起玩的那個小女孩啊！佳佳比小阿里大一歲，聰明伶俐，很多大人都很喜歡她，連我也不例外。她總會把自己的好東西拿出來和小朋友們一起分享，

小阿里就吃過她很多好吃的。當然她對小阿里也是「情有獨鍾」，總是分外的照顧他，好吃的總會多分點給小阿里。

「原來你喜歡佳佳啊！」獲知兒子的感情小秘密後，我暗暗偷笑。我知道小阿里對佳佳只是純粹的欣賞之情，並非我心中想像的那種男女之間浪漫的愛慕之情，我覺得完全不必大驚小怪。

看到我笑，小阿里居然有點生氣了，他說：「我就是喜歡她，我要和她結婚，這樣她就會只對我一個人好，會分我更多好吃的東西了。」

和人家結婚居然是為了吃的，我對小阿里的動機感到更加好笑了，對著老公擠擠眼說：「當初你娶我是不是也是為了好吃的？」

老公早已被小傢伙逗樂了，笑而不答。

原本只是把這當成一件好玩的事對待，可是後來，佳佳小朋友跑到我家來說要給我們當媳婦，並和小阿里一起把布娃娃當作是自己的孩子，和它們說話，給它們穿衣服。更搞笑的是，佳佳和小阿里，還煞有其事地拿著兩件布娃娃穿的衣服說他們結婚的時候也要這麼穿。

這次「愛情風波」最終讓我無法放心不得不去請教我的專家朋友。他告訴我說**三～六歲的孩子正處於性朦朧的階段，他們有時會表現出對異性的嚮往，說出「我愛某某」、「我要和某某結婚」等話語，其實這並不是孩子早熟的表現，而是這年齡層孩子的成長特徵，因為這個年齡層的孩子非常喜歡模仿成人的行為，於是他們就會把這種感情用在自己和某個異性小朋友身上，其實這與成年人的愛情是不相同的，只是一種好玩的模仿而已。**

聽到這裡我才真正放鬆了下來，同時也要告訴其他的爸爸媽媽們面對產生了朦朧情愫的孩子，爸爸媽媽們不要嘲諷和批評他們，而應該尊重孩子可愛而純真的情感，把它看作是孩子人生路上的一次有價值的體驗，以自然、簡明、科學的方式引導他們，讓孩子自小對「愛情」有一個正確的認識，形成一個健康的心態。

當然，既然小阿里和佳佳喜歡給布娃娃做嫁衣裳，我也就借題發揮和他們玩起了這個遊戲。

1、新媽媽的遊戲小道具

- 可以穿脫衣服的布娃娃一個，幾件布娃娃漂亮的衣裳。

2、新媽媽的遊戲開始啦！

- 媽媽先以故事導入遊戲，可以對寶寶說：「布娃娃要出嫁啦，我們好好地給布娃娃打扮打扮好嗎？讓她風風光光地當最漂亮的新娘子哦！」然後讓寶寶挑選布娃娃的嫁衣。
- 媽媽先讓寶寶給布娃娃脫衣服，引導寶寶像給自己脫衣服一樣，先把布娃娃衣服的釦子一顆一顆解開來，把衣服從肩膀處往後拉一拉，把布娃娃的一隻袖子拉下來，再拉娃娃的另一隻袖子，布娃娃的衣服就脫下來了。
- 脫完衣服後，讓寶寶給布娃娃穿衣服：先把衣服的袖子套到布娃娃的兩隻胳膊上，再拉好衣服把釦子扣上。
- 可以讓寶寶給布娃娃多試幾件衣服，最後挑選最滿意的一件當作嫁衣。

3、新媽媽新心得

- 遊戲過程中不論寶寶挑中哪一件衣服媽媽都不要反對，而是鼓勵寶寶把衣服給布娃娃穿上，讓他自己看看效果對比對比，培養寶寶的審美能力。
- 當寶寶動作比較笨拙時，爸爸媽媽不要嘲笑寶寶，而是要鼓勵寶寶多做幾遍，相信寶寶會越做越好的。
- 寶寶也渴望關心人、照顧人，這個遊戲可以很好地滿足寶寶的這個心理哦！

新媽媽育兒理論小百科

四歲的寶寶就基本具備了一定的生活自理能力，爸爸媽媽要創造條件讓寶寶多進行這方面的練習，再加上這時候寶寶渴望得到大人的肯定和表揚，因此在日常生活中爸爸媽媽更要試著讓寶寶做一些力所能及的事。

65

新娘子駕到

小阿里最近一段時間挑食嚴重，只吃味美的菜，不吃米飯，不吃麵條。雖然，我知道孩子會不定期有腸胃自行調節的過程，這個過程中，他們會食量減少，或者挑食。過了這個階段就好了。只是這次他持續的時間久，讓我很慌神。

跟小麗討教增進寶貝食慾的方法，她頗在行的說，看看他的舌苔，有點白，喝點蘿蔔湯可以增進飯量，舌苔厚重，吃點益生菌也能發揮腸胃調節的作用。不過，她覺得孩子吃飯的事情，完全跟飯桌上的食物有關係，葷素搭配得當，有湯品，有綠葉蔬菜，飯後有解油膩的茶點和通便的水果，大人、孩子都不會出現吃不下飯、挑食、厭食的問題。

看來吃飯也是個習慣問題，由著孩子想吃什麼就吃什麼，難免會出現葷素不搭、挑食偏食從而身體出現各種毛病的問題。想來，還得下一番工夫，哄著孩子多吃他們不願吃，但身體又需要的東西才行。這過程中倒也鬧出不少好玩的事情來。

有天，小阿里又不好好吃飯，於是，我出招讓他跟我比賽，吃得多、吃得快的那個可以刮那個吃得少又慢的人的鼻子。小阿里自然很感興趣，於是大口扒起飯粒來。

「這不行，桌上這些菜都要吃到才行，尤其綠葉菜吃得多的那個才算是真的贏家。」我變本加厲的誘導他。

小阿里一開始頗不情願，我只能發揮表率作用，自顧自的夾起菠菜大口吃起來，一副看起來馬上勝利在望的表情，迫於壓力，小阿里一臉痛苦地夾起菜吃起來。突然，小阿里大聲喊道，「媽媽是騙子，妳說，一口菜，一口飯的吃嗎？妳連著吃了兩口飯。」此話一出，我跟老公都笑噴了。於是，趕緊吃兩口菜補救。這頓飯，基於比賽的誘導，小阿里吃得不錯。

想來，**要讓自己的孩子愛上吃飯，還得有招數才行**。

小阿里不愛吃飯，但對甜點卻相當偏愛，尤其霜淇淋是小阿里最喜歡的東西，但是我不敢給他多吃，怕吃多了影響食慾。但是小傢伙面對自己喜愛的食物也會怪招連連。有一次快吃飯了，小傢伙卻吵著要吃霜淇淋，我不給。他突然就捂著自己的肚子對我說：「媽媽，我肚子突然很熱很熱。」

我故作不知地問道：「那怎麼辦呢？」

小傢伙想了想說：「吃點霜淇淋就好了。」

平時我們就很注意培養小阿里節儉的品格，每次吃飯的時候都會跟他說要把飯吃完，不能浪費。很多時候，我早上磨的豆漿喝不完，他爸爸便把豆漿裝在自己的保溫杯裡帶著上班喝，這一舉動時常被小阿里所見。今天早上老公又往杯子裡倒豆漿，小阿里白了老公一眼說道：「爸爸把家裡的豆子都浪費光了。」

最搞笑的一次是吃晚飯，老公見到餐桌上有一粒飯粒就撿起來吃了，小阿里看見了便從自己的嘴巴裡拿了一粒飯粒出來，遞給老公說：「爸爸吃。」

雖然很多時候，讓小阿里吃飯成了鬥智鬥勇的事，但讓寶寶胃口大開的絕招卻只有一個，那就是食物的美味度，只是飯菜好吃，孩子即便不餓也會吃很多的。

當然除了讓孩子吃得好，玩得好也很重要哦，下面的這款「新娘子嫁到」很多孩子都喜歡玩，相信你家寶寶也不例外的哦。

1、新媽媽的遊戲小道具

- 紅紗巾一條及爸爸媽媽強壯有力的手臂。

2、新媽媽的遊戲開始啦！

- 爸爸媽媽把紅紗巾蓋在寶寶頭上，讓寶寶扮演新娘子。
- 爸爸媽媽各自先用右手握住自己的左手臂，再用左手握住對方的右手臂做成花轎並蹲下，然後讓寶寶兩隻腳分別伸進爸爸媽媽的兩臂之間坐上「轎子」。
- 爸爸媽媽站起來一邊抬著寶寶往前走一邊唱兒歌：「嗨呦嗨呦抬轎子，新娘子坐轎子，新娘新娘啥樣子？紅紅蓋頭，紅紅嘴，一扭一扭真漂亮！」爸爸媽媽伴著兒歌的節奏左右搖擺。

3、新媽媽新心得

- 遊戲時爸爸媽媽伴著兒歌左右搖擺可以很好地引發寶寶愉快的情緒，鍛鍊寶寶的平衡能力。
- 遊戲過程中，爸爸媽媽要注意保護寶寶，防止寶寶失去平衡摔倒。
- 這款遊戲無需考慮寶寶的性別，對寶寶而言這只是一個好玩有趣的民間遊戲，並不妨礙寶寶對現實的認識，因此爸爸媽媽也可以放心地和男寶寶一起玩哦！

新媽媽育兒理論小百科

這款遊戲能很好地讓寶寶體驗到民間遊戲的樂趣，訓練寶寶的平衡能力和控制能力，更是能增進親子之間的感情，營造和諧的家庭氣氛。

66 看誰摸得對

早上，我看到小阿里一個人在客廳拎著老公的手提包，便問道：「阿里，拎著爸爸的包包幹什麼去呀？」

小傢伙竟然模仿老公的語氣說道：「我上班賺錢去呀！」真是可愛極了。沒想到小阿里居然也懂得了養家糊口。

晚上老公下班回來，我把這件事情告訴了他。老公心血來潮便也想逗逗小阿里，給他一個包包，然後問道：「阿里，拎著包包要幹嘛去呀？」

小阿里一本正經地說：「買菜去啊！」

我沒忍住，「噗哧」一聲笑了出來。

見我笑了，小阿里急忙改口說：「那，買霜淇淋去！」

我和老公大笑起來，同時也感到很欣慰。小阿里是一個很乖很獨立的孩子，一般自己會的事情絕對不會讓爸爸媽媽插手，有的時候他見我忙，還會過來幫忙，比如給我搬個小板凳，遞個小東西什

麼的。不像小寶貝的朋友亮亮從小就養成了衣來伸手、飯來張口的壞毛病。

由於亮亮的爸爸媽媽工作很忙，亮亮從兩歲起就由奶奶撫養，奶奶膝下就這麼一個孫子，把他當成了掌中寶。老人寧願自己辛苦一些，也從不讓孩子吃半點苦、受半點累。亮亮如今都六歲半了，穿衣需要媽媽幫忙、吃飯媽媽餵一口，他才肯吃，連上個廁所，都要大人幫忙解腰帶，更氣人的是，亮亮每晚必須讓媽媽講無數個故事才能安然入睡。當然最讓人受不了的是亮亮在玩遊戲的時候也總是喊著要大人幫忙。

前一段時間，亮亮來我們家裡找小阿里玩。我心血來潮便讓他們一起玩「摸瞎」遊戲，誰知遊戲的過程他比不過我們的小阿里，竟然哇哇大哭說要奶奶幫忙，讓我驚訝不已，他可是整整比小阿里大兩歲啊！

雖然說現在許多寶寶在家中都是獨生子女，很受大人的寵愛，從出生到成長，都一直沐浴在關愛中，但也不能從小便養成衣來伸手、飯來張口的壞毛病。其實，當這個年齡的寶寶連穿衣、吃飯都成了問題時，過度的呵護已經在無形中扼殺了寶寶主動動手的潛能。寶寶的成長，離不開實踐的磨礪，就好比當初他練習行走那樣，如果爸爸媽媽們害怕他跌倒而遲遲不肯放開他的手，勢必要減弱寶寶獨立行走的能力。

每一個寶寶從生理上的角度來看，成長中的好奇心和模仿力總會不斷地促發他對周圍感興趣的事情努力的進行一場實踐活動，比如，小阿里想自己用湯匙吃飯、想自己按開檯燈的按鈕、想自己削水果等，如果這時候，我們總是出現並幫助他，那麼在小阿里的頭腦中就會形成「不勞而獲」的慣性思維，從而導致小阿里變「主動」為「被動」，就像亮亮「媽媽餵一口飯，他才肯吃」一樣，爸爸媽媽們已經把自己的寶寶寵壞了，對寶寶的成長毫無利處。

幸運的是透過「摸瞎」遊戲我已經觀察到我們的小阿里不是這樣的，在遊戲的過程中他很自主，很獨立，讓我這個媽媽還是頗放心的。

1、新媽媽的遊戲小道具

- 寶寶喜愛並熟知的玩具若干個。

2、新媽媽的遊戲開始啦！

- 爸爸媽媽把寶寶的玩具掛在牆上，讓寶寶站在兩公尺以外，先讓寶寶看清各種玩具，並讓他確定一個要摸的玩具，訂好目標。
- 媽媽把寶寶的眼睛用黑布矇上，鼓勵寶寶走向要摸的玩具面前，並讓寶寶在取下黑布前仔細判斷手中的玩具是不是他要取的。
- 除了讓寶寶摸玩具還可以讓寶寶摸摸床、摸摸書，最後摸人。摸人時，爸爸媽媽先把寶寶的眼睛矇上，然後任其一個站在寶寶面前，讓寶寶摸摸臉，摸摸頭髮等，判斷是爸爸還是媽媽。

3、新媽媽新心得

- 遊戲前，媽媽不能把玩具掛得太高，一定要讓寶寶毫不費勁地拿得到並拿下來仔細地分析是不是自己需要的物品。

- 在寶寶矇著眼睛走路時，爸爸媽媽要跟在寶寶身邊，避免寶寶摔倒。
- 這個遊戲主要是訓練孩子手的抓握能力和手指的自主活動能力，培養寶寶用手感覺外部世界的觸覺能力。

新媽媽育兒理論小百科

寶寶的觸覺是認識世界的方法之一，這個遊戲讓寶寶透過自己的手觸摸物品和人，調動寶寶思考、分析，對增強寶寶的觸覺能力、發展寶寶的智力非常有幫助，更是讓寶寶更好地瞭解爸爸媽媽，增進親子感情。

67

找一找，相同在哪裡

好友來我家作客，買了一隻小狗給小阿里當禮物。為此家裡爆發了第一次「內戰」，老公不肯養小狗，但小阿里特別喜歡，就是抱著不放，看到小阿里那麼喜歡，我這個媽媽當然要站在他這邊了。

老公不準養的理由很充分，他說：「寵物身上都帶有細菌，孩子天天接觸不利於健康。再說，如果養得不好，像上次養的那隻兔子一樣死了，豈不是要讓孩子傷心很久。」接著他又舉了寵物把房子弄得髒亂，把病傳染給寶寶，把寶寶吃掉等一系列駭人聽聞的事情。

其實對養寵物這件事情上我還是有些顧慮的，小阿里還小，免疫能力比較差，也不怎麼會照顧寵物，加上房子又小，養寵物實在是不方便。但是，看到小阿里那麼堅持，我心一軟還是決定留下這隻小狗。

我對老公說：「養寵物沒有你說的那麼可怕了，再說一隻小狗能把小阿里給吃了嗎？不是說狗是

人類最忠實的朋友嗎？再說，從動物的死亡上，讓孩子感受生老病死，也未嘗不是一件好事。我們就先養著牠好不好？」小阿里也在一邊使勁的求情。終於老公經不起我和小阿里的堅持，答應留下這隻小狗。

當然，自從小狗被留下來後，我發現小阿里有了些變化。只要他一不開心，或者早上不想起床，或者不想做什麼事情的時候，我只要一和他說小狗，他馬上就會爬起來。他經常抱著小狗和我說：「媽媽，小狗狗好可愛。媽媽放心牠要是不聽話了，我會罵牠的。我要讓牠和我一樣做個乖寶寶。」

我知道在小阿里的眼中這隻小狗就是他的小夥伴，他經常會對著小狗說話，小狗成了他秘密的接收者和分享對象，有的時候還會因為這隻小東西而冷落我這個媽媽。這時我才深刻體會到，**寵物做為孩子的夥伴，確實有助於幫助孩子培養愛心、學會溝通、增強責任感。**

除了上面的一些發現，我還發現小阿里自從有了小狗後，開始關注起生活中其他的動物，每次在社區花園散步，他會花上大量的時間研究其他的小狗，還經常興高采烈地跑過來對我說：「媽媽，別人家的小狗狗和我的小狗狗很不一樣哦？我們家的小狗毛是捲捲的，其他家的小狗毛是直的。有的小狗比我們家的大，有的小狗比我們家的小……」哈，小阿里開始懂得比較不同了，這真讓我喜出望外。於是我便經常用這個機會和小阿里玩「找一找相同在哪裡」的遊戲，結果小阿里當然玩得不亦樂乎呢！

養寵物對孩子來說其實益處多多。現在很多家庭只有一個小孩，加上爸爸媽媽都很忙，寶寶把寵物當作自己的好夥伴，與寵物一起分享內心的情感，這在很大程度上也彌補了平日孩子與父母缺少溝通的遺憾。

寵物還提供了讓寶寶接觸自然的機會，不自覺中寶寶上了一堂生動的教育課，瞭解到一個生物是如何成長、繁衍的。在這個過程中，寶寶也學會了如何尊重其他生物，體會到動物也和人類一樣，也有喜怒哀樂，也會害怕孤獨，也需要別人的關心，當寶寶對動物有這樣的心理的時候，那麼他們看到街上的野狗或流浪的小動物，也會產生莫大的同情與關愛，而不容易出現粗魯地對待和虐待小動物的行為。

1、新媽媽的遊戲小道具

- 寶寶喜愛的動物玩具、一面小鏡子及小寶寶自身。

2、新媽媽的遊戲開始啦！

- 先讓小寶寶對著小鏡子觀察自己，並親手摸一摸自己，這樣會有一個更清楚的印象，然後讓寶寶數一數自己的鼻子、眼睛、嘴巴、手等。
- 等寶寶清楚自己的特徵時，媽媽再拿出動物玩具，讓寶寶仔細觀察，比較小動物之間的異同，比如，大象有四隻腳，一個鼻子，小雞有兩隻腳，一雙翅膀等。
- 讓寶寶自身和小動物比較，發現自己和小動物相同點在哪裡，比如都有一張嘴巴、兩個耳朵，一個鼻子等。

3、新媽媽新心得

- 玩這個遊戲的時候，媽媽最好從寶寶最好奇的東西出發，激發寶寶的遊戲熱情。
- 當寶寶比較的時候，媽媽可以用問題適當地引導寶寶找出異同點，比如媽媽可以問寶寶：「小豬有幾條尾巴？」、「寶寶有沒有尾巴」等。
- 當寶寶找出異同點時，媽媽要即時肯定和誇獎寶寶，然後問寶寶：「還有沒有相同的地方？」引導寶寶再觀察找出相同點。

新媽媽育兒理論小百科

四、五歲的寶寶對形象的東西很有興趣，也很喜歡探索自身的秘密，探索小動物身體與自己的不同。爸爸媽媽可以用這個遊戲啟發寶寶的好奇心，並因勢利導，讓寶寶學會辨別數字的差異。

68 鑽山洞，藏寶物

自從有了寵物小狗，小阿里心裡真的很高興，見了小朋友天天炫耀，說自己家的小狗有多可愛，多乖。

這一天小阿里突然和我說：「媽媽，我想邀請我的朋友來家裡看小狗狗好嗎？」

「好啊！那你要邀請誰呢？」我問。這可是小阿里第一次提到要邀請小朋友來家裡玩，說明小阿里開始看重友情了，也是他邁出人際交往很重要的一步，身為媽媽的我當然要全力支持。

小阿里想了想說：「佳佳、樂樂、潼潼還有威威哥哥。」

「一定要邀請威威哥哥嗎？」我問他。

威威在很多大人眼裡是個問題兒童，有些人甚至稱他為「混世小魔王」，王奶奶養的小貓，一轉眼工夫就被威威剪光了毛；李阿姨曬在窗臺上的被子，一分鐘不到就被染上了斑駁的色彩；陳爺爺家擺在外面的拖鞋一頓飯工夫便只剩下一隻了……可憐的威威父母忙完了工作又得忙著給鄰居賠不是。

想到這裡我有點慶幸：幸好我們家小阿里不這麼調皮，要不然非累死我不可。

「威威哥哥可好玩了，我們都喜歡和他玩。」小阿里很認真地說。

既然是小阿里的朋友，我覺得還是要尊重他的，便不再說什麼。

小朋友們如約而至，只是我沒想到區區四個小屁孩居然可以這般的吵鬧，一個下午下來我家簡直鬧翻天了：「媽媽，妳給佳佳倒果汁，她不喝可樂。」、「哎呀，小狗跑了，快追！」、「威威你還我的小狗熊！」、「誰踩到我的腳了。」……各種忙亂讓我差點就招架不住了。

「媽媽——快過來！快看這邊！」小阿里對我叫道。我一轉頭還沒等我反應過來臉上就多了一塊噴香的蛋糕！天啊，沒想到我們的小阿里居然也這麼調皮。小阿里一看我中招哈哈大笑起來，哪知還沒等自己直起腰，頭上就扣下了一塊西瓜皮。這一天我發現小阿里和平時很不一樣，總是大聲嚷嚷，和其他小朋友高聲爭論，不僅如此，他還特別的愛表現，身為小狗的主人，只能由他規定誰能給小狗餵食，誰能給小狗穿衣服，誰陪小狗玩，那架勢絕不亞於一個正在戰場指揮戰爭的將軍。

四歲～十歲的孩子由於認識和理解事物的能力在不斷增強，表現慾也在不斷增加，加上貪玩的天性使然，吵鬧便成了他們在這一時期裡最凸出的特徵，這一特徵集中表現為：動不動就哭鬧，遇事喜歡嚷嚷，尤其喜歡爭論不休。

吵鬧的寶寶其實心靈是極為敏感的，他們常常在潛意識裡會情不自禁地選擇用「大聲嚷嚷」、「大聲哭喊」、「高聲爭論」等外在的音響形式來掩飾他們內心的恐懼與不自信。另外，透過觀察我發現在寶寶們的思維形式中，他們尤其喜歡用加高分貝的方式來引起大人們的主意，這是基於一種生理的本能，也是基於要強的個性使然。當寶寶們達到了自己的目的，他們接下來的第一步就是極力的在妳面前表現自己了！

雖然我明白吵鬧是孩子的天性，但是放任他們這般鬧下去我一定會瘋掉的，於是我靈機一動，拿出兩個大箱子，讓小朋友們玩起了「鑽山洞」的遊戲。嘿，效果還不錯，小朋友們果然消停了很多。

那麼，新媽媽們也一起和寶寶玩這個遊戲吧！

1、新媽媽的遊戲小道具

- 冰箱、洗衣機的空紙箱兩個。

2、新媽媽的遊戲開始啦！

- 媽媽先用剪刀將兩個紙箱的蓋和底剪掉，使紙箱成為一個方形的筒狀，然後將紙箱橫放在地上變成一大一小的兩個「山洞」。
- 媽媽用故事導入這個遊戲：媽媽扮演松鼠媽媽，寶寶扮演松鼠寶寶，松鼠媽媽對松鼠寶寶說：「今天天氣真好，我們去儲備過冬的寶物好嗎？」然後帶領著松鼠寶寶需找寶物，寶物可以是寶寶喜愛的物品。
- 找到寶物後，松鼠媽媽帶領著松鼠寶寶來到「山洞」前，說：「咦！前面有兩個山洞，寶寶看一看，這兩個山洞怎麼樣？」讓寶寶發現「山洞」的大小區別，並帶領寶寶先鑽大「山洞」，然後再鑽小「山洞」。

- 鑽過「山洞」後，松鼠媽媽說：「乖寶寶，讓我們把這些寶物藏好吧！」引導寶寶按照一定的分類把「寶物」藏好。

3、新媽媽新心得

- 故事導入，讓寶寶扮演小動物，會讓寶寶覺得這個遊戲非常有趣，一下子就被這個遊戲吸引。
- 「山洞」深深地吸引了寶寶的注意力，寶寶也一下子看出了一大、一小兩個山洞，而且表示不怕黑，對鑽山洞的慾望非常強烈，因而寶寶在鑽爬時，興趣很高、很投入。
- 透過由簡到難兩個「山洞」的鑽爬，寶寶動作的協調性得到了一定程度的提高。

新媽媽育兒理論小百科

這個遊戲可以培養寶寶觀察、比較、分析的能力，並嘗試按照標記進行簡單的分類，而且在遊戲的過程中讓寶寶練習鑽、投、擲等基本動作，寶寶手腳的協調能力得到了培養，還培養寶寶勇敢機智的品格。

69 送朵花花給最愛的人

小阿里最近很會幻想，他突然說動物園的小猴到家裡來玩了，他要好好招待；有時他會開心的宣佈要打倒怪物拯救地球；有時會突然疑惑的問說謊的孩子是不是要拉出去餵狼吃，可是為什麼爸爸說謊了狼沒有吃他……在他的世界裡，什麼都是有可能的。他會把家裡每一個角落都摸索清楚，關鍵時刻會翻出來每一件東西看個究竟，滿足他可愛的好奇心。在他的小腦瓜中沒有什麼不可能，沒有什麼不能夠，什麼都可以發生……小阿里眼中的世界是充滿童趣的、愛心的、好玩的、新奇的。

自從有了小阿里，我深有體會地覺得世界上最幸福的人莫過於孩子了，他們在自造的童話世界裡徜徉流連，在他們純潔的心靈和閃亮的眼神的關照下，人生是那麼的美好，世界是那麼的美麗。

這天晚上，我和小阿里一起看完一本故事書後，讓他乖乖睡覺。可是，小阿里不想睡覺，還想看。我對他說：「不行，睡覺時間已經到了，小寶乖乖睡覺啊！」

「不，不，我還要看。」

「好吧！但只能看一半哦！」我妥協地說道。

「不，我要看三半！」

「三半？」我愣了一下，隨即明白小阿里的意思，忍不住笑了起來說，「好，看三半，不過媽媽有個好主意，你先給媽媽講個故事好嗎？」

小阿里想了想，腦袋一歪說道：「從前，我聽爸爸說，有一年的春天，狼餓了，就來吃人，人肉好吃，所以狼要吃人。」

小阿里講到這裡居然哽住了，不知道往下要說什麼了。

為了鼓勵小阿里繼續講下去，我問道：「後來怎麼樣，狼吃人了嗎？」

沒想到小阿里脫口而出：「爸爸說，明年狼把他給吃了。」

天啊，明年還沒到，狼怎麼提前到來了，還把爸爸給吃了，真是超有趣的。

等小阿里睡著，我回到自己的臥室把這件事情告訴老公後，老公也大笑不止。老公說：「畢竟是小孩子沒有分清楚今年、明年、去年的概念。」

我想了想說：「老公你有沒有發現小孩子的世界和我們真的非常不一樣，你看小阿里講出來的故事，經常顛三倒四不合邏輯，不合情節，主題也不確定，總是會根據隨後的行動、事件發生變化，甚至偏離最初的主題。但是我們不得不承認他們的故事比我們更有意思，更有想像力。」老公點頭說是。

不過，我知道在大人眼裡的奇幻世界，對小阿里而言，卻是現實，小阿里容易把現實和想像混淆，

和這個時期其他的寶寶一樣，他們的想像通常與對現實的感知過程相糾纏，往往只是用自己的想像來補充他所感知的事物，因此在小阿里的觀念裡不可能的事情是沒有的，言談中會有虛構的成分，對事物的某些特徵或情節往往會加以誇大，當然也許會和現實有些出入，但是這是寶寶自己眼中的世界，因此爸爸媽媽面對寶寶奇怪的想法時，要尊重寶寶的自由想像權利，我想，這也是對寶寶創造天性的最大保護。

說到創造性，我覺得還是用遊戲的方式來啟發寶寶最好，可以真正地做到寓教於樂，我們家的小阿里就是在這樣的環境下成長的。下面的這款遊戲就可以很好地啟發寶寶的創造性，新媽媽們一定要和寶寶玩哦！

1、新媽媽的遊戲小道具

- 不同顏色的黏土。

2、新媽媽的遊戲開始啦！

- 媽媽先和寶寶面對面坐好，並問寶寶最喜歡的人是誰，等寶寶回答後，媽媽再問寶寶怎麼表示對那個人的喜歡呢？然後媽媽提示可以給那個人送花。
- 媽媽拿出黏土，對寶寶說今天要做一朵漂亮的七色花送給寶寶喜歡的人，然後媽媽先給寶寶示範如何用黏土做花瓣，並把花瓣捏在一起做成一朵漂亮的七色花。
- 等寶寶知道如何做七色花的時候，媽媽讓寶寶根據自己的喜好，選擇自己喜愛的顏色自己單獨做一朵七色花。

- 七色花做好後，媽媽鼓勵寶寶將七色花送給自己喜愛的人。

3、新媽媽新心得

- 除了用黏土做七色花，媽媽還可以指引寶寶用色紙、廢報紙等物品做鮮花，充分啟動寶寶的思維和創新能力。
- 七色花的顏色盡量讓寶寶自主選擇，媽媽不要干涉。
- 當寶寶喜歡的人收到鮮花後，要肯定寶寶，誇獎寶寶，並對寶寶表示感謝。

新媽媽育兒理論小百科

這個製作小遊戲不僅鍛鍊了寶寶的製作能力和創新能力，更是讓寶寶明白了人與人之間情感交流的方式和方法，從而讓寶寶懂得用物品來表示對一個人的情感，為今後寶寶的人際關係的發展打下良好的基礎。

70 發明小遊戲

孩子出生之後，彷彿進入一個完全陌生的世界，身心不斷地成長，對周圍世界的接觸不斷增強，遇到的問題也越來越多。

小阿里就是如此，他好奇心強，問題總是特別的多，天天纏著我和老公問個沒完，「為什麼會下雨？」、「小鴨子為什麼會游泳？」、「為什麼水會結冰？」……簡直比「十萬個為什麼」還多出「十萬個為什麼」。

當然我明白小阿里的這種情況是孩子的正常表現，小阿里的外婆就說過我，說我小時候比小阿里問題還要多，還要纏人。**確實，孩子經驗淺，生活閱歷有限，很多東西不認識，不明白其中的道理，特別是對新鮮事物感到好奇**。當然我也明白正是孩子的這種「不恥下問」讓孩子不斷地明白很多東西，學到很多知識，各方面能力得到提升。

在小阿里認識世界和感知世界的過程中，一些詞彙、概念、場景不時地溜進他的大腦，讓他產生這樣那樣的疑問，他總想弄清楚，於是不斷地問著為什麼。最近這段時間，他經常問關於生孩子、

關於衰老和死亡等「高深」問題，而如何回答他，也讓我費了不少腦筋。但是不得不承認，有時候小阿里的這些問題讓人煩不甚煩，特別是當自己忙的時候，小阿里老要糾結著一個問題不放，有的時候真的很讓人抓狂。

這一天，我正在洗衣服，小阿里突然從客廳跑過來問我：「媽媽，是不是每一個人將來都會死掉，活到一百歲也會死？」面對這個問題，我不知道如何回答，如果我對他說人將來都會死，這對一個快五歲的孩子來說似乎有些殘酷了，如果我回答人不會死，這就欺騙了他。所以我只能答非所問，拿出一本小阿里喜歡的故事書給他說：「阿里乖，媽媽現在忙，你先自己看看書。」

但是小阿里根本不理會我拿給他的書，接著說：「是不是將來媽媽和爸爸也會死掉？死會不會痛呢？」

「阿里乖，媽媽正在洗衣服，等一下告訴你。」我說。

小阿里並不死心，還是在旁邊一個勁地問人為什麼要死，死會不會痛。老公算是即時雨，下班回家聽到寶寶纏著我問的問題，笑著對他說：「阿里，如果所有的人永遠地活下去，每天都有新的寶寶出生，那地球上的人就越來越多，我們這個地球怎麼裝得下那麼多人呢？那個時候我們不是就沒有吃的東西了嗎？不就餓肚子嗎？」

小阿里表示理解地點了點頭。老公接著說：「小草到春天就會發芽，到秋天就會枯萎，人也一樣。每個人都會有年輕的時候，經過許多年，也會慢慢地變老然後死掉。所以人活著的時候要開開心心，做有意義的事情，不浪費時間。」雖然老公這個答案並不完美，但是小阿里似乎找到了滿意的答案，開心地玩玩具車去了。

老公見我鬆了口氣，笑著說，「阿里會問『為什麼』，說明他對周圍事物喜歡觀察和思考。做父母看到這種優點，應該積極鼓勵寶寶多提出『為什麼』並給予耐心的解答。以後有類似問題，正面回答他，讓他瞭解沒什麼不好。」

老公接著又告訴我，說國外曾有許多專家對喜歡問「為什麼」和不喜歡問「為什麼」的孩子經過長期觀察和調查，他們發現：那些愛提「為什麼」的孩子長大後愛動腦筋，思維能力和想像能力強，他們具有獨特見解和獨創精神。而不喜歡問「為什麼」的孩子長大後，有可能不愛動腦、思維狹窄、缺乏想像力，人云亦云，沒有獨創精神。

「因此，身為爸爸媽媽的我們對寶寶的提問不能持無所謂的態度，更不能感到討厭、怕煩，甚至訓斥。**寶寶愛提問，應該看作是好事，要積極、認真引導，要多啟發他們對事物問『為什麼』**」。

當然只是僅僅讓寶寶學會問「為什麼」是不行的，想要真正促進寶寶的智力發展，也要引導寶寶解決問題。下面的這個發明小遊戲，就可以讓寶寶在明白為什麼的情況下，更懂得學會如何處理問題。

1、新媽媽的遊戲小道具

- 帶鋸齒的茅草、鋸子的圖片，放大鏡，一些動植物圖片。

2、新媽媽的遊戲開始啦！

- 媽媽出示茅草，要求寶寶輕輕的摸一摸、碰一碰，再用放大鏡仔細的看一看，找一找茅草有什麼特別的地方。
- 等寶寶發現茅草邊有一排細小鋸齒，媽媽有感情地給他講述故事《魯班造鋸》的故事，然後用提問的方式讓寶寶把鋸子和茅草聯繫起來，告訴寶寶：「魯班正是受到茅草的啟發，才發明了比茅草更鋒利的鋸子。事實上，我們今天見到的許多機器和工具，也是受到一些動物或植物的啟發才造出來的，不信，我們一起來看一看。」然後媽媽再出示一些匹配的圖片，如鳥和飛機，引導寶寶運用觀察、比較的方法找出兩種物體的共同特徵，讓寶寶獲得有關仿生現象的初步實驗。
- 媽媽再出示一些其他動植物的圖片，請寶寶思考，讓寶寶用動物和植物的特點，發明出一些有用的東西，並請寶寶把自己的發明介紹給大家。

3、新媽媽新心得

- 這是一個有難度的遊戲，如果寶寶實在沒有什麼發明創造媽媽不要責備寶寶，更不要說「寶寶笨」之類的話。
- 在寶寶思索的過程，媽媽不要打斷寶寶，而是要拿出紙和筆即時地記錄下寶寶的奇思妙想，鼓勵寶寶。

- 遊戲的過程媽媽可以用故事的形式給寶寶適當的提醒，但不要講透，給寶寶一個發明創造的方向就好。

新媽媽育兒理論小百科

儘管有許多科學創造和發明是靠突發的靈感刺激而來的，但這絕對與科學創造的方法分不開。

因此，用這個遊戲讓寶寶形成良好的探索、創造習慣就顯得至關重要。

第八章

外面的世界真精彩

四～五歲寶貝遊戲

71 公園尋寶大探險

自從有了小阿里之後，家中便多出很多歡聲笑語來，他的各種舉止時常逗得爸媽開心不已。只是，有些時候，小阿里也會毫不保留的顯現出他金牛座特有的倔強和頑劣來，不斷地挑戰我的忍耐性。

最近離公寓附近的地方新開了一家玩具城，每一層都有試玩的展示間，於是，不少家長帶了自己的孩子過來試玩和購物。小阿里被我帶去一次後，此後時常吵著要去玩具城玩，一到那裡就開始玩展示間上的樣品車，有時也跟一些小夥伴一起玩，等到要回家時，小阿里就會賴在那裡，並開始跟我談條件，要嘛再玩一會兒，要嘛買一輛家裡沒有的玩具車回去。如果我拒絕，他會學著動畫片《蠟筆小新》中小新的樣子，說要跟其他阿姨回家，有時還偷偷藏起來，看著我焦急不堪的找他。

為這，我罵過他很多次，並跟他講道理，告知他很多玩具都是不需要買的，沒必要浪費錢，與其買容易貶值的東西，不如把錢花在更有意義的事情上，我趁此機會跟他講錢滾錢的理財方式，並承

諾每次他心癢想要玩具我就給他一塊錢讓他存起來來，存夠一定數目後，他再自己支配這筆錢，可以貸款給父母，也可以購買自認為需要的東西，也可以進行錢生錢的小營生。

聽我這麼講，小阿里倒是答應了，只是再去玩具城，他又會控制不住地想要新玩具，並時常因為別的小朋友買了而我沒有滿足他表現得很不高興。

這天，在玩具城，一個小朋友買了一件小鹿玩具，原本要回家的小阿里突然就不高興了，他轉身氣嘟嘟的看著那個拿著小鹿玩具的小孩，幾秒鐘後他眼淚汪汪的對我說，那是我的小鹿，不是他的。小阿里的反常讓我突然想起，昨天我在家陪他看動畫片《小鹿斑比》，片中講到小鹿斑比長大了，長了犄角了，小阿里問我小鹿長大了怎麼才有犄角時，我告訴他，因為小鹿斑比長本領了，那些角代表了小鹿的能力。小阿里馬上摸著他的腦袋說：「我也長大了，長本領了，長了好多小犄角了！」受動畫片影響，小阿里才會認為那小鹿是他自己，認為小朋友拿了小鹿就是拿走他的犄角，拿走他的本領，所以，才不讓對方購買。

沒辦法，我只好從貨架上拿下另一個小鹿玩具對他說：「阿里，你的小鹿在這裡呢！那個小朋友只是拿走了他自己的小鹿。每個小朋友都有自己的本領，自己的小鹿的。」小阿里這才破涕為笑，但是我看得出來他還是有些不情願。

回家的路上，為了逗小阿里高興，我拿著他的小鹿對他說：「乖寶寶，我們來玩尋寶遊戲好嗎？小鹿就是你要找的寶貝，媽媽先把它藏在花園裡，然後你再把它找出來好嗎？」

「尋寶遊戲」小阿里第一次聽說，馬上就表現得興致勃勃，還非常大方地讓出了他的小鹿。我把小鹿藏好，讓小阿里去找。花園很大，剛開始小阿里總是無法按照正確的方向進行尋找，我只好在一邊給他提示。費盡幾番轉折後，小阿里終於找到他的小鹿了，一臉開心的模樣。

雖然小阿里高興了，但是對於他的「無理取鬧」我還是有著隱隱的擔心，後來請教了專家，明白了孩子這種心理後才真正放心。

朋友說：**其實孩子都是用右腦生活的，他們的大腦還沒有發育成熟，只是完成了右腦「看」和「認識事物」的任務，卻沒有完成左腦用語言表達感受的任務，他們越生氣，左腦就會越關閉，只能原始地用本能表達，比如，哭泣、尖叫、踢打等。這時，爸爸媽媽對寶寶只有責罵是不對的，打罵能在當時制止寶寶的無理取鬧，但是不能阻止這些不好行為的反覆發生。**

因此，每當小阿里在公共場合無理取鬧的時候，我一般的做法就是讓自己心平氣和地和他講道理，並將他帶離現場，當他怒火平息下來再向他解釋為什麼不能得到他想要的。

不過現實生活中，很多的爸爸媽媽認為孩子小，和他說不清楚道理，總認為孩子吵吵鬧鬧是很麻煩的，就一味地滿足孩子的要求。像樂樂的媽媽就是如此，對樂樂有求必應，結果樂樂和同齡的小孩子比起來就難免霸道和不講理些。

其實，我能理解樂樂媽媽的心理，與其說她是滿足孩子的要求，還不如說是為了自己圖清靜，結果等到自己不能滿足孩子的要求時，就認為孩子不講理，受不了挫折。

其實孩子的這些壞習氣都是爸爸媽媽縱容出來的。所以當孩子無理取鬧時，爸爸媽媽要懂得拒絕孩子，並告訴孩子拒絕的理由，試著和孩子協商其他的解決辦法，這才是真正有益孩子成長的做法。

1、新媽媽的遊戲小道具

- 「寶物」可以是一張用紙密封的精美圖畫，也可以是一個裝有美食的小盒子或者寶寶喜愛的一個物品、指南針、地圖（或公園遊覽圖）、藏寶線索（裝在幾個錦囊裡）等。

2、新媽媽的遊戲開始啦！

- 媽媽先去預備，在行動之前藏好「寶物」。
- 媽媽準備當天需要的食物和水等，和寶寶一起整理要用的東西，放進各自的背包，和寶寶來到公園。
- 到公園後，媽媽發給寶寶地圖和藏寶線索，引導寶寶看懂和運用公園地圖，告訴寶寶要在一個小時內按照線索找到寶物。
- 在遊戲中，鼓勵寶寶多觀察大自然的各種現象，利用自然現象識別方向，還要盡量讓寶寶決定下一步該怎麼做。當寶寶懈怠時，媽媽要即時鞭策和鼓勵寶寶，直到找到寶物。

3、新媽媽新心得

- 在野生環境離我們越來越遠、戶外活動越來越少的今天，頗具挑戰意味的尋寶遊戲，能讓寶寶深深體會人與自然相互融合的感覺。

- 尋寶有時間的限定和普通的遊玩不一樣。有時候，寶寶們需要在公園裡小跑或快走，模擬定向越野的越野跑。
- 在野外清新環境中的奔跑、散步，可以使寶寶的全身，特別是呼吸系統和心血管系統得到較好的鍛鍊，也能增強孩子的體能。

新媽媽育兒理論小百科

「尋寶遊戲」讓寶寶憑藉著地圖和指南針，在最短的時間內尋找到事先藏好的「寶物」，實際是一種為寶寶設計的定向越野運動，不僅能使寶寶感受到大自然賜予的歡欣和喜悅，同時寶寶的智力、體力、適應環境的能力都將得到鍛鍊。

72

好朋友踢足球

有一天吃晚飯的時候，阿里突然問我：「媽媽，為什麼我們家沒有女孩子呢？」

我說：「媽媽不就是女孩子嗎？」

「我說的是和我差不多大的。」

「為什麼要和你差不多大的女孩子呢？」

「沒有和我差不多大的女孩子以後誰做我老婆呢？」

童言童語，確實有夠笑料，我笑著對他說：「老婆不是家裡本來就有的，是將來長大了再找的。」

小傢伙想了想說：「那爸爸不是家裡本來就有的？」

我回答：「爸爸是媽媽長大後找的。」

沒想到小阿里嘆了口氣說道：「我不想找，好麻煩啊！」

天啊！他小小腦瓜居然開始思考這麼「複雜」的問題了。不過這段時間我發現小阿里似乎對身邊

的人與人的關係非常的關心，他經常會和我說佳佳對誰更好啦，威威今天又保護誰了，樂樂是誰的哥哥啦……

我很注重小阿里和其他小朋友交往，我知道孩子們的友誼對小阿里來說是極為重要的，友誼可讓他瞭解自己和他的同伴，能使他得到鼓勵和自信，同時他會感覺到個人力量的不足，和眾人力量的巨大，因而學會妥協，應付爭執掌握機會等。當然在和小朋友的關係中，有的時候小阿里也有自己的小困擾，比如對威威這個「小混世魔王」他常常是又愛又恨。

有一次小阿里和威威一起玩，兩個人爭足球，他小爭不過，回來哭著對我說：「威威哥哥玩足球很危險，我以後再也不和他玩了。」可是過了幾天，在社區裡遇到威威，他又激動地和他玩在一起了。我內心是不願意小阿里跟威威一起玩的，畢竟孩子之間的模仿更甚，威威的一舉一動小阿里輕而易舉就學會了，比如威威喜歡亂翻別人的東西，喜歡在小朋友面前賣弄、炫耀自己，還愛發脾氣，有時還施小計策來騙取其他小孩的東西，這些行為又不受他爸媽約束，時常有著變本加厲的可能，小阿里跟他一起玩，免不了就學了一些來，讓我這做媽的看著還真是著急。

不過，威威身上也不全是缺點，他也有一些過人之處，比如總能發明一些好玩有趣的遊戲、具有很強的號召力等。做為媽媽自然是無法幫孩子一一挑選好朋友，所以只能教會孩子怎麼吸收別人身上好的一面，摒棄壞的部分，於是，每每小阿里跟威威一起玩耍回來後，我都會讓他跟我講講從威威那裡接受的東西，趁機幫他分析處理。長久下來，兒子倒也沒有被威威壞的一面帶壞。

每個孩童的內心都單純如白紙，他們不知道哪些是好哪些是壞，這個時候，爸媽就要起到關鍵作

用，明確地告訴他在交友中哪些事情應當做哪些事情不應該做，並引導孩子學著控制自己的脾氣，要培養孩子誠實守信的良好品格，讓孩子養成謙虛有禮的行事風格。

1、新媽媽的遊戲小道具

- 一個足球、兩把椅子。

2、新媽媽的遊戲開始啦！

- 媽媽先叫上幾個同齡的小朋友和寶寶來到一個較寬闊的場地，教小朋友們踢球。
- 當寶寶掌握了踢球的動作要領後，媽媽就用兩把椅子做一個「球門」，之間相距兩公尺左右，讓他試著將球踢進「球門」。隨著寶寶踢球水準的提高，可以讓他遠遠地離「球門」射門，或把兩把椅子拉近，使「球門」變窄來增加遊戲難度。
- 媽媽把小朋友們分成兩組比賽，媽媽當守門員，讓各組寶寶互相配合，把球踢進球門，進球多的一組獲勝。

3、新媽媽新心得

- 無論寶寶能否當上足球明星，此時與爸爸媽媽還有小夥伴一起踢球的快樂都會定格在各自的心中，直到永遠。
- 當寶寶把球踢進「球門」時，爸爸媽媽要表現得像個「球迷」一樣為他歡呼，寶寶也會被這種勝利氣氛所感染，信心十足，再接再厲。

- 在遊戲的過程中孩子之間難免會衝撞到，媽媽要鼓勵寶寶勇敢，摔倒了別哭，自己爬起來。

新媽媽育兒理論小百科

踢球遊戲無論用哪一條腿來踢球，都要轉移一下重心，抬起一條腿來，這可以鍛鍊身體平衡能力，踢的動作又可以促進腿部肌肉力量，還可以培養寶寶團隊合作精神。

73 小寶貝玩拼圖

在小阿里成長的過程中，我發現孩子的價值觀跟大人的有著很大的不同，他們對時間和金錢的價值沒有任何的意識，因此小傢伙判斷一個東西有沒有價值不會以時間和金錢來衡量。一件只花十幾元的小玩具，可能在小阿里眼中是最漂亮、最美好的，一旦壞了或者丟了就會悲傷不已，這種悲傷不亞於一個大人一下子失去價值百萬的寶貝時的感受。

有一次，僅僅是因為小阿里心愛的拼圖玩具被弄壞了，他就傷心哭泣，我當時覺得有些可笑，便對他說：「乖，不哭了，只是不值錢的小玩意兒，媽媽明天再買一個新的給你好不好？」沒想到聽到我的話，小阿里不僅哭得更傷心了，還一個勁地說我是「壞媽媽」。

後來我請教了專家朋友才知道，這樣的言語安慰對孩子而言是發揮不了作用的，無法讓孩子感覺到爸爸媽媽理解他內心的痛苦，使孩子的不良情緒無法得到有效的釋放，還會讓孩子對爸爸媽媽產生疏離感。另外，**爸爸媽媽承諾給孩子再買一個玩具，會讓孩子覺得得到一個東西太容易了，從而**

不懂得珍惜。這樣對孩子以後的成長非常不利，有可能會讓孩子成為一個自私自利、不懂感恩的人。

這聽起來還真是可怕，自此，當小阿里失去心愛的東西時，我再也不敢承諾給他重新買一個，或者嘲笑他的行為。而是幫助他修理，實在無法修補，就將他小心的珍藏起來。時間久了，小阿里竟自覺的珍惜起很多東西來，再也不會輕易的摔破或者拆掉。

因此，為了挽救這次「拼圖事件」給小阿里留下的不好體驗。我抱著小阿里說：「寶貝，為什麼你會這麼難過？」

小阿里一邊抽泣一邊說：「拼圖壞了，那是我最喜歡的！很多小朋友都說它好看，佳佳最喜歡它了，總和我一起玩。」

「阿里乖，媽媽知道你的難過。這樣，我們先來修修，看看能不能修好好嗎？」見我要修理拼圖，小阿里馬上停止了哭泣，返回自己的房間抱出拼圖給我。我仔細看了看，只是有幾片的邊折掉了，拿萬能膠黏一黏就好了。當然，為了鍛鍊小阿里，我取來萬能膠讓小阿里自己動手修補。

拼圖修好後，小阿里興奮地說道：「媽媽，媽媽，拼圖又活了！」

「又活了！」真是孩子話，我忍不住笑了起來。見小阿里這麼高興，我藉機「教育」他說：「自己喜歡的東西壞了，每個人都會很難過，但是不能一味地難過哦，我們更應該想一想有沒有辦法補救。你看現在我們不是把你的拼圖救回來了嗎？」

「嗯嗯。」小阿里使勁地點頭，「以後我又可以和佳佳一起玩拼圖了。」

經歷這些事情後，我也明白了，當孩子失去自己心愛的東西，感覺到非常難過傷心的時候，做為父母應該先用溫柔同情的語言肯定孩子的感覺，然後引導孩子說出他內心的感受，很好地疏導孩子的情緒，等孩子情緒穩定後再用其他方式來安慰他，這樣才有利於孩子的成長。

1、新媽媽的遊戲小道具

- 拼圖玩具。

2、新媽媽的遊戲開始啦！

- 對於沒玩過拼圖的寶寶，媽媽最好先向他演示將幾片拼成一幅完整圖畫的過程，並讓寶寶仔細觀察最終拼出的圖案。
- 接著媽媽試著將其中的一片拼塊移開，放在旁邊，然後讓寶寶觀察移走的那片拼圖的上下左右的邊線和顏色特徵，示意寶寶嘗試將這塊拼圖放回原來的位置，形成當初完整的圖畫。
- 媽媽根據寶寶的實際能力，逐漸增加難度，由移走兩片到移走三片，甚至將所有的拼圖完全打亂，讓寶寶去拼。

3、新媽媽新心得

- 為寶寶挑選拼圖，一定要選擇圖案簡單、拼塊大、塊數較少、質地較厚實的拼圖。圖案的選擇最好是寶寶喜歡的小動物、動畫卡通或熟悉的交通工具等。

- 媽媽要知道拼塊的大小和寶寶年齡成反比，拼塊的多少與寶寶年齡成正比，也就是說寶寶越小，拼塊應該越大、越少。
- 在玩拼圖時，爸爸媽媽需要時時啟發寶寶的思考和觀察，而不是幫寶寶代勞。比如，爸爸媽媽可以在遊戲中提醒寶寶：這兩片拼塊的顏色相同嗎？這片拼塊的線條和那片拼塊的線條能連在一起嗎……即時提醒寶寶觀察圖案特徵。

新媽媽育兒理論小百科

寶寶透過玩拼圖不僅可以熟悉三角形、圓形和方形等各種形狀，同時還可以瞭解這些拼圖帶來的大量知識。比如賽車拼圖就可以告訴寶寶汽車的各個部分，建築拼圖就可以給寶寶包括建築風格、建築歷史等大量建築知識……這些對寶寶今後興趣、愛好培養及職業的選擇都會產生影響。

74 邊走路邊觀察

小阿里越長大，小男孩喜愛探險的特性展現得越明顯了。現在他不僅喜歡看一些探險、探密類型的故事和動畫片，還喜歡自己去做一些探險類的事情。有一次我帶他去玩，小阿里看到有座桃園，園裡碧草森森，就想著桃園裡會不會藏著什麼神秘暗道，或者佈下什麼機關陷阱？突發其想的他就兀自溜進了桃園，結果不幸的事情發生了，從草叢裡竄出一條小青蛇，在他的腿上咬了一口，這可把我和老公都嚇壞了，趕緊將他送往醫院，幸好小青蛇毒性不大，小阿里是有驚無險。

小阿里的這次「歷險記」讓我心有餘悸，從此以後，我盡量讓他少看、不看那些探險類的故事書和動畫片。我知道小阿里愛看探險型的書籍，其實是他在心理上練習膽量的一個表現，他透過閱讀別人的探險經歷，不斷的在內心強化自己的膽量，帶著躍躍欲試的心態，才會促成了進桃園探險被蛇咬傷的事件發生，罪魁禍首都是那些探險類的故事書和動畫片。但是老公對我的做法不以為然。

他說喜歡探險是男孩子的天性，小時候他就經常和小朋友進行探險遊戲。

老公是在農村長大的，依山伴水的環境給了他很好的一個探險場所，當時由於家裡的孩子多，很多家長對孩子也不怎麼在意，經常由著他們在外面瘋。一天下來，老公常常把自己的衣服弄得髒亂不堪，臉上、手上還到處是傷疤。但是他對此還念念不忘，天天唸叨著城裡優越安全的環境已經讓孩子喪失了很多樂趣，是當今孩子的一種悲哀。

但是，我可不管老公的這些奇怪論調，對我而言阿里的安全才是第一位。我和許多爸爸媽媽一樣，因為害怕意外傷害事件在自家孩子身上發生，從而拒絕阿里參加任何帶有危險性的活動。但是我沒想到，我越是擔心害怕不讓他參加，小傢伙越是興味足，膽子大，常常背著我跟小朋友在花園裡挖蟲子、爬樹、爬欄杆、捉迷藏……為此時常把自己弄得鼻青臉腫，讓我更是苦惱不堪。

苦惱之際，在網上看到這樣一則資料：**英國兒童研究機構表示，探險活動可以提高孩子們長時間集中注意力的能力。**因為在探險活動中，孩子們不僅需要觀察周圍事物，收集各種資訊來說明自己做出決定，有時還要籌措多種方案進行變通，或者與周圍人進行交流合作等。除此以外，探險對增強孩子們的身體素質和意志力都能發揮到很大的作用。許多專家認為，很少有其他活動可以代替這樣的綜合鍛鍊。

看到這番資料，一番心理鬥爭後，我終於決定週末帶著小阿里去郊外登山探險。聽到我的決定小阿里和老公都表現得特別興奮。出發前，老公還特意給小阿里小寶講了小時候自己山中探險的故事，並特別強調一定要小阿里一邊走一邊觀察，這樣收穫會非常大的。

有了爸爸媽媽的陪伴，加上爸爸探險故事的刺激，這次的登山探險小阿里不僅玩得很盡興，滿足了自己的探險慾望，還挖掘出了自身的膽量，讓我看到了他勇敢的一面，第一次感覺到我們的小阿里已經成長為一個男子漢了，心裡又驕傲又欣慰！

有時候，做為家長，看著孩子從事一些冒險的事情，滿心害怕，快速制止。其實，孩子有自己的把握，他們只是好奇的要去看看，小心的要做做，並不是不知輕重，做為父母提前告知孩子一些危害性即可，沒必要非要制止，要知道越是阻止孩子的好奇心會越重。還好，我知道這些不算晚。

1、新媽媽的遊戲小道具

- 一個美麗的小花園。

2、新媽媽的遊戲開始啦！

- 媽媽帶寶寶到花園裡散步，留意寶寶的一舉一動，看看寶寶喜歡什麼東西。
- 媽媽一邊和寶寶散步一邊對寶寶說：「寶寶快來看，這朵花很漂亮哦？」、「寶寶，這個石頭好好玩。」……引導寶寶注意到身邊的事物，引起寶寶觀察的慾望。
- 當寶寶遇到喜歡的東西，比如一朵花或一塊石頭，讓寶寶去摸摸它，去研究它，盡量引導寶寶接觸不同材質的東西，讓寶寶對重量、形狀等等有了真實的感覺，讓自然科學中的一些概念在寶寶的頭腦中形成。

3、新媽媽新心得

- 寶寶是一個獨立的人，有著自己的想法和思維，他們有能力透過自身的探索來學習，這樣更能發揮他們的主動性、積極性和創造性。
- 寶寶在每一次的探索中，都是一個學習經驗累積知識的過程，在這個過程中他是十分的快樂，爸爸媽媽與其事事為寶寶代勞，加以限制，過分保護，還不如創造一個安全的環境，適當看護、引導，積極鼓勵寶寶每一次的探索活動，讓他們自己獲得經驗，積累能力。

新媽媽育兒理論小百科

寶寶的每一次探索都會有收穫的，從實踐中認識自己感興趣的東西，對寶寶來說是一件很愉快的事情，即便有些困難他們也會想辦法克服，在這過程中寶寶的自信心和能力都會得到很好的鍛鍊。

75

送迷路「寶寶」回家

老公一直是小阿里的「偶像」，在小阿里的心目中爸爸高大威猛，是家裡的支柱，因此常常夢想著自己有一天也能成為爸爸，還經常和我提到當爸爸的事情，似乎還暗暗為當爸爸做準備。他經常會問我要怎麼樣才能當上一個爸爸，當上爸爸要做什麼。面對他的這些問題，我經常會說：「媽媽不是爸爸，這個你最好問爸爸去。」把這些難題都巧妙地交給了老公。

面對小阿里的這些問題，老公便會和他來一場「男人與男人之間的對話」，老公會對小阿里說：「當爸爸需要負責任，需要照顧自己的家，照顧自己的孩子，要賺錢讓自己的老婆、孩子吃好喝好，當爸爸是很辛苦的，你怕不怕吃苦呢？」這個時候，小阿里總會氣概十足回答：「阿里不怕吃苦！」

也許在小阿里的世界裡，對成人的苦和累及種種的無奈沒有多大的概念，小孩子天真單純的思想中，世界是很美好、很簡單的，但是很多時候如果任由自己的孩子這樣單純下去，只會讓孩子懦弱，不堪一擊，磨練不出他們的堅強意志。當今社會競爭如此激烈，如果沒有抗挫折的能力，遲早會被社會所淘汰，我們當然不希望自己的孩子被社會淘汰，所以，要正確認識孩子所遇到的挫折。

如今小阿里已經五歲了，自己透過做一些力所能及的事情後慢慢地體會到了什麼是累，什麼是苦，對現實也有了進一步的認識。

有一天，我正在廚房做晚飯，小阿里走進來一本正經地對我說：「媽媽，我可不可以和妳學做菜呀？我將來是要當爸爸的，我要做飯給我的孩子吃。」

我一聽笑了，說：「當然可以啊，這樣吧，你先幫媽媽把這些芹菜葉子挑除下來。」於是我拿起桌子上的芹菜給小阿里，教他怎麼挑除芹菜葉子。

小阿里認真地完成了任務，接著又端了一個小板凳放在洗菜盆面前，要求洗菜。於是我又耐心地教他如何打開水龍頭，教他如何在洗菜盆裡洗菜。

洗完芹菜，小阿里深有感觸地說道：「媽媽，我有點累了，原來當爸爸還挺難的！媽媽每天那麼辛苦地給我洗衣做飯，真是謝謝媽媽了。」

我摸著小阿里的頭說：「媽媽雖然辛苦一點，但是看到兒子這麼理解媽媽，媽媽就很開心了！」

小阿里又問：「媽媽，什麼是理解啊？」

我說：「理解就是懂得、知道的意思，比如你知道媽媽做飯很辛苦，就來幫媽媽挑菜、洗菜。」

「挑菜、洗菜就是理解媽媽呀，那我以後天天理解媽媽。」小阿里天真地說道。

我聽了心裡一陣感動。

我們的世界是多元的，有美好，也有殘酷。孩子在成長的過程中，他會用自己的眼睛去觀察，用自己的大腦去思考。如何巧妙讓孩子既瞭解這個世界客觀真實的一面，又能夠讓他從主觀上適應這個變化的世界，這關係到孩子精神世界的健康成長，是一個值得家長和教育工作者長期思考的問題。

因此，爸爸媽媽最好的做法就是遵循好「3C」標準。**「3C標準」就是調整、挑戰和承諾**。調整是為了讓孩子認識到很多難事他們都可以做到、做好，不用悲觀絕望；挑戰，就為了給孩子一個成就感，體會到戰勝困難後快樂的一面；承諾是透過這種方式讓孩子看到生活中更寬廣的世界和意義。所以，爸爸媽媽一定要給孩子的努力和行為一個正確的評價，表揚他或肯定他，同時也讓孩子能夠自己正確地評價自己。而對孩子的情緒反應則不用太在意，讓他們自己去體會、去消化、去挑戰，給他鼓勵和適當的建議就好。

以下這款「送迷路『寶寶』回家」的遊戲就很適合鍛鍊寶寶的「3C」，新媽媽們可以經常和寶寶一起玩哦！

1、新媽媽的遊戲小道具

- 可愛的布娃娃一個，一個小屋。

2、新媽媽的遊戲開始啦！

- 媽媽把小屋放在隱密的地方，然後給寶寶講布娃娃回家的故事，媽媽可以告訴寶寶娃娃和夥伴出去玩，和夥伴走散迷路了，天黑後找不到家，急得直哭，沿途的很多好心人都挽留布娃娃住自己家。可是布娃娃說這不是它的家，它要回自己家。
- 講完故事後，媽媽問寶寶：「如果你們迷路了，找不到家了會怎麼樣？」寶寶回答：「會哭，會害怕。」讓寶寶體會布娃娃迷路的心情。

- 媽媽接著讓寶寶送布娃娃回家，媽媽給寶寶提供線索，比如出示一張地圖，讓寶寶找到隱密的小屋，成功送布娃娃回家。
- 媽媽代布娃娃向寶寶說「謝謝」，誇獎寶寶，讚美寶寶。

3、新媽媽新心得

- 遊戲的過程中，媽媽一定要用好故事及提問的方式，激發寶寶的同情心，讓寶寶學會關心別人，幫助別人。
- 在送布娃娃回家的時候，媽媽一定要設計一些難度，來鍛鍊寶寶的耐力、觀察能力和探索能力，不能讓寶寶很容易地找到布娃娃的家，從而讓寶寶對這個遊戲失去了興趣。
- 遊戲過程中，一定要讓寶寶做一個有擔當的人，答應的事情就要做到。他既然答應要送布娃娃回家，途中不論遇到什麼困難或者寶寶不想玩了，媽媽都要鼓勵寶寶堅持下來。

新媽媽育兒理論小百科

這個遊戲可以激發寶寶的同情心，讓寶寶學會幫助別人，從而培養寶寶助人為樂的品格，為寶寶今後人際關係的發展奠定基礎。

76

看誰種得多

如今家家都有孩子，孩子在家裡被祖父母、父母嬌寵著，享受著小皇帝、小公主般的待遇，大人們愛都來不及，哪捨得讓孩子做家事？小阿里就是他奶奶的頭頂金龍，每次奶奶來家裡，小阿里「衣來伸手、飯來張口」的小皇帝生活就開始了。

今天，我在家裡整理陽臺上的小花園，讓小阿里幫我給小花小草澆水。小傢伙很高興，澆得也很認真。誰知他奶奶見了，急忙奪過小阿里手中的抹布說：「孩子還這麼小，怎麼會澆水呢？阿里乖，奶奶幫你。」

我不滿意地說道：「媽，阿里很能幹的，這些事情他可以做好的，妳這樣寵著、護著他，對他不好。」

「我就寵著我的孫子，我就這麼一個大寶貝孫子怎麼能讓他工作受苦。他還這麼小，等長大了自然會做這些了，現在他只要好好吃飯、好好玩就行了。」阿里奶奶說道。

因為是長輩的關係，我便不好多爭執什麼，幸好阿里的奶奶不在家裡長住，要不然真不知道小阿里要被寵成什麼樣子了。

不過讓我欣慰的事，小阿里是個很懂事勤快細心的孩子，看到媽媽在忙他總會想著幫忙。比如，外面下雨了他會提醒我收回曬在陽臺上的衣服；晚上睡覺前，他會協助我檢查所有的門窗是否關好；出門之前，他會問：帶好鑰匙了嗎？會囑咐我們別忘了要帶的其他東西……當然他最關心的是陽臺上的那些小花小草，經常和我「彙報」哪一株植物發芽了，哪一朵花凋謝了，行為言詞聽起來就像個小大人了。

對待這個「小大人」我經常會有意識地創造條件，讓他做個小幫手，培養他的各種能力。比如，我知道小阿里喜歡花草，種花的時候就經常叫他幫忙。總之，只要是小阿里能做的、想做的、願意做的，就要大膽放手，給他鍛鍊的機會，即使他做得不好也沒關係。

一天吃過午飯，小阿里居然宣佈他要洗碗。因為沒有人教過他，大家都以為他在開玩笑，誰知飯後，他居然挽起袖子，搬了個小凳子站在水槽前真的要洗了。我想既然小傢伙來了興趣，那就從現在開始教吧，同時我的心裡也已經做好碗可能摔破，或者我重新洗碗的打算。

沒想到我正打算教小阿里洗碗的時候，阿里奶奶一把把小阿里抱了下來說：「乖孫子，你哪會洗碗，讓媽媽洗，我們去看電視好不好？」

奶奶疼孫子天經地義，我自不好對他橫加指責，倒是笑著說道：「媽，每個孩子在很小的時候，都樂意做事。阿里這麼勤快，說明他不是一個懶孩子，既然他想做，就讓他嘗試一下吧！」

見我這麼堅持阿里奶奶便不好說什麼，只好讓小阿里學洗碗。讓我們驚喜的是他洗了所有四個人用的碗、盤子、筷子，清洗加漂洗兩遍，整個過程從容不迫，自然流暢如同老手，甚至不需要我的重複解說和演示，真是聰明的乖寶寶。

很多家長只注重孩子的玩樂和學習，大小家事都和孩子沒有關係，這樣久而久之，必然會淡化孩子的責任心，這是非常危險的。他們還經常這樣教育孩子：「現在不好好學習，長大了沒出息，就讓你去掃馬路、當工人！」於是在孩子心目中，普通的體力勞動就成了下賤的代名詞，躲避勞動、鄙視勞動就成為必然。跟阿里奶奶細心講這些，慢慢的她也不再那麼寵孫子了。

家事勞動是一切勞動的基礎，是一種讓孩子從中受益的勞動形式。我想，做為父母應該有意識地讓孩子做一些力所能及的事，以鍛鍊孩子的自主能力，培養孩子的責任感。不要以為孩子長大了，自然什麼都會做；更不要以為，孩子什麼都會願意做，應該從小培養寶寶做一些力所能及的事情，讓寶寶有自己的工作，以此減免對父母的依賴性。

1、新媽媽的遊戲小道具

- 各種大小不一的飲料瓶若干個，適合寶寶使用的園藝工具一套，一些花的種子及花苗。

2、新媽媽的遊戲開始啦！

- 媽媽和寶寶商量「種植園」的選址，比如和寶寶一起將自家的小院子或陽臺的一角開闢出種花的園地。
- 媽媽拿出塑膠瓶對寶寶說：「你看這些是什麼呢？這麼多瓶子寶寶從哪裡來的？以前放飲料

的時候，我們特別喜歡它，可是當飲料喝完就不喜歡了，瓶子寶寶很不開心呢！那怎樣讓瓶子寶寶變得開心呢？我們一起和它們玩，好嗎？」然後媽媽和寶寶用剪刀把塑膠瓶加工成花盆，媽媽再拿出花籽和花苗，告訴寶寶每一種花籽、花苗的名稱。

- 媽媽拿起園藝工具，先給寶寶示範如何種花，然後引導寶寶種花，等寶寶種完，讓寶寶把花盆擺進「種植園」，並給花籽寶寶澆水。

3、新媽媽新心得

- 媽媽一定要選擇大小適合寶寶使用的園藝工具，以確保寶寶進行園藝活動時的安全和方便。
- 媽媽要選擇好種易活的花，確保寶寶的第一次種植經歷很成功，讓寶寶收穫驚喜。
- 第一次擁有自己的工具，對寶寶來說是很驕傲的事情。媽媽要幫寶寶把工具好好收管起來，下一年種花還要用到。
- 以後的日子媽媽要陪著寶寶一起觀察植物的孕育，讓寶寶看到生命的生長過程。

新媽媽育兒理論小百科

這個遊戲用廢棄的塑膠瓶當花盆，可以讓寶寶發揮他的聰明才智「變廢為寶」，養成良好品格，另外，透過這樣一件有趣的「家事」還可以讓寶寶懂得關懷身邊的人和物，培養寶寶關心他人、照顧他人的優良品格。

77 兔子跳圈圈

小阿里一向乖巧，但是也會和其他小男孩一樣有調皮搗蛋的時候，雖不及社區裡的威威那般讓人頭痛，可是他調皮起來的時候，還真的讓我招架不住。

一次我出門買菜回來，剛一進門，就發現滿地的紙屑、成堆的衣服和四處滑滾的易開罐，緊張得我還以為家裡失竊了，後來才知道始作俑者是小阿里；還有一次，我剛給他調好洗澡水，他不知道什麼時候，就把家裡的遙控器扔進澡盆裡，還說什麼「航空母艦來了！」，弄得我哭笑不得；更氣人的是，小阿里還會自己搬來凳子取茶杯，家裡一套價值不菲的茶具，被他摔得只剩下一個茶壺和一個茶杯……

當然每次闖禍後，小阿里都會低頭認錯，但是一認完錯，他又嘻嘻哈哈跑去玩了，我不禁開始擔憂起來：「這怎麼行呢？也不知道他有沒有真正汲取教訓！」

透過小阿里的種種表現，我發現孩子和大人存在很大區別，孩子處在成長發育期，他的思維很大

程度上都會停留在「開朗樂觀」的層面上，尤其是膽大的孩子，從不會去像大人一樣複雜地考慮做一件事或者不做一件事的後果。在他的眼裡，一切事情都是美好的，一切人物都是可愛的、可親近的，他們不會去擔憂風險，更不會去假設各種糟糕的結局。他們雖然認錯了，但是往往意識不到自己真正錯在哪裡，因此對於「老毛病」，常常一犯再犯。

這一天，我一回到客廳，發現抽屜裡的CD被翻得亂七八糟，便有點生氣地問小阿里：「這是誰幹的？」小阿里想了想指著一個熊娃娃說：「兔寶寶幹的！」

「兔寶寶幹的？」見到小阿里說謊，我有點嚴厲地說道。

「是，是大灰狼幹的。大灰狼最壞了！」小阿里又指地上無辜的小狗說道。

「真的是大灰狼幹的？」

「是外星人幹的，他們弄亂後就從窗戶跑了。」

看著小阿里指這指那，就是不承認是自己做的，我是又好笑又好氣。小阿里這樣做已經不是一次、兩次了。為此我曾經請教過我的那個專家朋友，他解釋說每當孩子做錯事時，會有這樣的心理，他們會想：如果我承認了，爸爸媽媽一定會大發雷霆，所以我不能說是我。很多時候我們低估了小孩子，以為這些小傢伙是畏懼一頓「皮肉之苦」或「臭罵」，不惜撒謊耍賴，做了錯事不敢承認。事實上，真正讓他們感覺受傷或者內疚的，是爸爸媽媽憤怒中隱藏的沮喪，是爸爸媽媽的難過。他們相信可以藉助迴避責任、矢口否認來換取爸爸媽媽的不失望、不難過。他認為，當孩子犯錯不承認時，做為父母們其實沒必要太過緊張，不要覺得自己養了一個愛說謊的孩子，不要上來就責難孩子，或對他充滿失望，而應該心平氣和地、真誠地給他一些時間想想，也許孩子就會放鬆些，願意跟你說剛才究竟都發生了什麼。

能夠懂得規則以及違背規則帶來的後果，是孩子在這個階段正在進行和完成的一個生長發育「作業」。不過，這種「不承認」、「辯解」、「推拖」從某種角度上看也是一個好的信號：它說明孩子已經知道自己做的事情並不是一件「光明正大」的事，甚至是犯了錯誤。所以，在「認錯」這個問題上，爸爸媽媽要更加耐心一些。孩子需要在父母的關注、理解和指導之下，才能夠建立起道德意識，使自己的行為更真誠和善良。

於是，我深吸一口氣，平靜地對小阿里說：「媽媽不是想要怪阿里，只是小朋友要勇於承當，做了不好的事情要勇於承擔錯誤，我希望你能告訴媽媽，也許媽媽會有一點點生氣，但是，我更高興的是你能誠實地告訴我一切。我也知道我們的小寶貝不是故意的，會原諒你的。」

聽我這麼說，小阿里似乎放心了很多，吞吞吐吐地說道：「媽媽，對，對不起，是，是我做的。」見小阿里認錯，我高興地笑了，抱著他狠狠地親了一口說道：「勇於認錯才是媽媽的好孩子。以後記住弄亂的東西要整理好懂嗎？」

「懂了。」小阿里乖乖地答道。

我想了想說：「既然你說到了兔寶寶和大灰狼，今天媽媽就和小阿里玩一個它們的遊戲，獎勵我們的小阿里說真話好不好？」

聽見又有好玩的遊戲，小阿里馬上說道：「以後我都說真話，媽媽要多多的和我玩遊戲。」

1、新媽媽的遊戲小道具

- 三種顏色的圈圈各若干，大灰狼、兔子頭飾兩個。

2、新媽媽的遊戲開始啦！

- 媽媽先在空曠的場地上錯落有致地擺好各顏色的圈圈。
- 媽媽把兔子頭飾戴在寶寶頭上，然後對寶寶說：「兔寶寶，外面的天氣真好，到外面玩玩吧！」然後把寶寶帶到擺好圈圈的場地，媽媽帶領寶寶雙腳跳圈圈，雙腳跳完後，媽媽再帶領寶寶進行單腳跳。
- 為了增加遊戲的趣味性，媽媽戴上大灰狼的頭飾扮演大灰狼在圈圈裡跳著追趕扮演兔寶寶的寶寶，和上面一樣，由易到難，先是雙腳跳，接著單腳跳。
- 媽媽和寶寶互換角色讓寶寶扮演大灰狼，媽媽扮演兔寶寶進行遊戲。

3、新媽媽新心得

- 媽媽選擇的圈圈顏色盡量豐富多彩，這樣不僅可以提高寶寶對遊戲的熱情還可以很好地刺激寶寶的視覺神經，讓寶寶對顏色有更深一層的認識。
- 寶寶蹦跳的過程媽媽不用太擔心寶寶摔倒從而對寶寶過分保護，這樣反而發揮不到鍛鍊寶寶的效果。

・遊戲輕鬆有趣，可以很好地增進寶寶與媽媽之間的感情。

新媽媽育兒理論小百科

這款遊戲可以很好地讓寶寶練習跳躍，增強寶寶的身體機能。

78

一花一草一故事

別看小阿里平時膽子挺大的，但是在陌生人或者不熟悉的人面前膽子很小，每次出門，都是小心翼翼地跟在爸爸媽媽的身後。在路上遇到一些叔叔、阿姨、奶奶，大家都跟他打招呼，他只是靦腆的問聲好後就不說話了。很多人見了他都說他是個「羞澀的小男孩」。不像他的好夥伴樂樂，當樂樂爸爸媽媽帶著樂樂一塊兒出門，半路遇到同事、朋友等停下來打聲招呼，樂樂就會上前插嘴，表現得特別活潑可愛。

有一次，在社區我們遇到樂樂一家，我和樂樂媽媽在聊天，樂樂非得插嘴和我們一起聊天。樂樂媽媽瞪了樂樂一眼說道：「大人說話小孩子胡亂插嘴可是不禮貌的哦！」小樂樂嘟著小嘴說道：「不是說不和陌生人說話嗎？阿里媽媽又不是陌生人。」聽完讓人忍俊不禁。

當然，我能理解小樂樂的心理，在爸爸媽媽與陌生人交談的時候，喜歡插嘴，是因為他認為插上嘴了，就可以讓對面那個叔叔或者阿姨注意到自己，這就是孩子喜歡被關注不喜歡被冷落的心理特

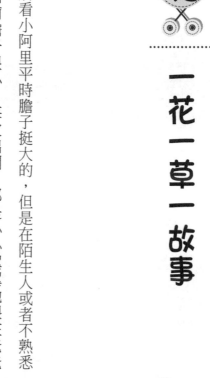

徵。我想小阿里也有這樣的特徵，只是有時候隱匿罷了。

一次，家裡來了一個遠房的親戚，小阿里原本並不願意出來打招呼的，但是他要給我看他寫的字母表，不得不走到了客廳。那位親戚看到了小阿里寫的字母表，誇讚道：「真看不出來，孩子那麼小，字寫得那麼清楚漂亮！」

小阿里一聽，樂壞了，竟然脫口而出：「我畫畫也很漂亮！」話沒說完他就跑進房間裡取出了自己的畫冊，讓那位親戚看，還一副洋洋自得的樣子。小阿里一改往日在陌生人面前的寡言和羞澀，變得主動大方的舉動讓在場的我都驚訝了！看來，小阿里的表現慾一點都不亞於樂樂，尤其聽別人誇讚自己、關注自己時，他就忍不住想要更進一步地表現自己了。

也許很多爸爸媽媽和我一樣會發現，陌生人對孩子進行的任何一句誇讚，都會成為孩子勇敢、更愛表現自己的助力。因此，為什麼不用孩子的這種表現慾來激發孩子的膽量，改善孩子的交際行為呢？

從此以後，我經常會鼓勵小阿里在陌生人面前進行自我表現，經常會試著給他一個在陌生人面前表現的機會，比如在陌生人面前介紹小阿里，讚揚他，讓他知道他是受關注的；在交談的過程中，我還會想辦法把小阿里一起帶入聊天氛圍，比如經常停下來諮詢小阿里的說法和看法，讓他感覺到我們大人對他的尊重，當得知小阿里的看法後，我還會即時肯定他、表揚他，讓他獲得最大的鼓舞，一旦小阿里放開自己，就會變得更加勇敢和自信。

好了，說了這麼多相信爸爸媽媽們對自己的寶寶一定有更多的一個認識，現在我將介紹一款好玩的遊戲，讓妳的寶寶愛上開口說話哦！

1、新媽媽的遊戲小道具

- 花草圖畫書一本。

2、新媽媽的遊戲開始啦！

- 媽媽打開一張圖片，先教寶寶看清圖片上的一切，然後和寶寶一起進行猜測：它們正在幹什麼？這是什麼時間？在什麼地方？以前它們可能做了什麼？以後可能做什麼……讓寶寶看清後，展開想像。
- 看清圖畫之後媽媽就可以引導寶寶開始編故事了。剛開始可由媽媽編故事開頭，給寶寶提示，比如媽媽先說出三至四個關鍵字：植物名稱、特徵，讓寶寶將這些關鍵字組織起來，完成一個相對完整的故事。
- 編完之後，媽媽應給予評價，以鼓勵為主，指出寶寶語言上或想像上的問題。
- 寶寶編了一次以後，媽媽還可以讓寶寶編第二次、第三次，並試著讓寶寶來編開頭，媽媽來編後面部分，媽媽還可以和寶寶比賽看誰故事編的好。

3、新媽媽新心得

- 五歲的寶寶詞彙量已經大大增加，讓他編故事已經不是什麼天方夜譚，但是媽媽不要要求太高，寶寶的故事內容可長可短，方式應該多種多樣。

- 編故事，寶寶需要根據內容使用恰當的語氣、句式來敘述，也許他說得並不規範，也許也不合邏輯，媽媽不要急於糾正寶寶，正因為敢大膽表達，寶寶的語言能力一定會有極大的提升。
- 一個比較完整的故事往往需要開頭、中間、結尾等基本情節，以及故事前後相關聯，寶寶在編的過程中，邏輯思維能力得到了鍛鍊。

新媽媽育兒理論小百科

故事的演進是對思維和想像的大考驗，需要充分發揮想像力。在編故事的過程中，不要給寶寶設置太多的限制，允許並鼓勵他打破成人固有的思維框架，你會發現寶寶驚人的想像力和創造力。

79

泥土小王國

現在，很多父母都會充滿愛心地給孩子佈置一個屬於自己的小天地，並為此花了不少心思。我當然也不例外。但是我發現我佈置出來的房間往往不是小阿里自己喜歡的，很多時候他更願意自己動手再「佈置」一番。比如，他會在牆上貼上自己喜愛的貼紙，抽屜裡扔滿自己喜歡的像樹葉、釘子、石頭一類的收藏品，床頭掛著自己鍾愛的機器人娃娃……每次自己動手佈置一番後他才會對著自己的房間滿意地點點頭。

下個月是小阿里五歲生日，我和老公商量了一下打算送一個全新的房間給他做生日禮物。其實在此之前我已經做足了功課，我知道讓孩子擁有自己的房間，會讓孩子對家有一種歸屬感，有益於建立孩子的自我意識，瞭解自己的重要性。所以，一個舒適的、量身訂做的房間是父母送給孩子最好的禮物。

給小阿里佈置房間，安全第一。

考慮小阿里活潑好動，好奇心強，很容易發生意外，為了安全起見，我們給窗戶設護欄，家具採用圓弧收邊的，盡量避免稜角的出現，電源要安裝在小阿里碰不到的地方，選擇了一張有護欄的高床等等。另外，小阿里這個階段主要是透過色彩、形狀、聲音等感官的刺激直觀地感知世界，只要是對比反差大、濃烈、鮮豔的純色都能引起他強烈的興趣，也能說明他認識自己所處的世界。因此我們把空間設計得五彩繽紛，不僅適合小阿里天真的心理，而且鮮豔的色彩在其中會洋溢起希望與生機，相信小阿里一定會喜歡的。

當然，這次我們不能像以往那樣只是憑著自己對小阿里的所謂的理解來給他佈置房間，孩子也有自己的審美眼光，我們打算讓小阿里自己也參與進來，佈置出屬於他自己風格的房間。

徵詢了他的意見，問了他喜歡的顏色，並讓小阿里自己去挑選一些飾品。允許他擺放自己喜歡的小玩意兒，比如那些顏色鮮豔、外形可愛、充滿童趣的小布偶，把房間變成自己的遊樂場，不僅能增加情趣，還會讓他覺得自由開心，我們還引導小阿里把自己的玩具整齊地羅列在架子上或懸掛在鉤子上或者存放在盤子和籃子裡。

望著自己的房間，小阿里歡呼雀躍，我和老公還發現自從這次房間設計後，小阿里更喜歡自己動手主動去設計、擺放自己的物品，而且收拾東西更加有邏輯性、更愉快，真是一次大大的進步。

其實，房間對孩子來說就是他們自己的「小王國」，媽媽爸爸們一定不能馬虎對待哦。除了這個「小王國」，孩子們還可以擁有更多的屬於自己的「小王國」，比如泥土「小王國」，他們總能在其中發現樂趣，增長知識。

1、新媽媽的遊戲小道具

- 小鏟子、小耙子、水、小盆子、小瓶子。

2、新媽媽的遊戲開始啦！

- 媽媽在社區或者公園尋找濕潤、鬆軟，便於寶寶活動的場地，請寶寶選擇自己需要的工具挖泥，鼓勵寶寶在挖泥時仔細觀察，將自己在土裡的發現的小動物與媽媽交流，媽媽和寶寶講這些小生物的名稱、特徵，好讓寶寶認識它們。
- 讓寶寶把各種小生物放在帶來的瓶子裡，然後把泥土裝進小盆子運到另一塊地方去。
- 媽媽和寶寶再回到原來的地方，媽媽讓寶寶用水弄濕泥土，讓寶寶觀察泥土的變化，然後再用手捏捏泥土，再把泥土鏟到小盆子裡運到原先泥土邊上，對比兩堆泥土的差別。
- 媽媽讓寶寶在兩堆泥土面前從小瓶子裡倒出小生物，看看小生物會爬進那一堆泥土當中。

3、新媽媽新心得

- 寶寶對小鏟子、小耙子等工具會很感興趣，每種工具都嘗試使用，但是工具太多反而會會影響寶寶對泥土觀察與分類，因此不宜使用太多的工具。
- 在挖泥土的過程中，媽媽要注意不要讓寶寶用沾有泥土的手揉眼睛。
- 用水弄濕泥土時，媽媽要引導寶寶把握好水量，不要一下子加了太多水，應該指導寶寶逐漸加水。

新媽媽育兒理論小百科

這款遊戲讓寶寶在大自然的環境中進行探索，讓寶寶親近自然、熱愛自然，還可以激發寶寶熱愛家鄉、熱愛土地的情感。

80 帶著地圖認認路

日子一天天在過去，小阿里也是越來越懂事，學東西也很快，我和老公打心眼裡開心。

前幾天給小阿里買了一根跳繩，我做示範教他跳，小阿里高興地跳個不停。昨天有朋友出國回來送了我一款包包，出門的時候我背著讓小阿里看到了，因為是個雙肩背包，小阿里很喜歡，吵著讓我送包包給他。於是，我跟他開玩笑說：「如果等一會兒你能自己回家，媽媽就把這個包包獎勵給你。」

有了挑戰性的工作，加上有獎勵，小阿里很高興。於是，我在報亭買了一張地圖，並多花了些時間故意多繞了幾個街區。剛開始的時候，小阿里總是走錯方向，我便提醒他看地圖。但是他看著地圖一臉茫然，完全不明白地圖上標的是什麼。我只好又花了一些時間給他講解地圖上的一些特殊標記，並讓他對照著現實的建築物，教他識別地圖上的特殊標記。小傢伙挺聰明的，很快就明白了，按照

那些標記物居然真的找到了回家的路。

回到家裡，我在鼓勵和肯定他的同時，也想透過總結來啟發他的思維，便說道：「你知道嗎，每個人的心裡有兩顆小芽。一顆是『我什麼都做得好』，另一顆是『我什麼都做不好』。不管你選擇哪一顆，它都一定能夠生根發芽。最終你發現，你怎麼想的，結果就是怎樣的。」

沒想到小阿里很誠懇地說道：「媽媽，我剛才回家的時候，我什麼也沒想，我的心裡一定什麼都沒長吧？」

這話讓我哭笑不得。

結婚紀念日，老公買了一條項鍊送我，我非常喜歡，經常佩戴。只是有一天我忘記佩戴，小阿里看著我突然少一物的脖子，很驚訝的問：「媽媽，妳的項鍊是不是丟了？」我故意點點頭，想看看小傢伙會有什麼反應。果不其然，他馬上起身匆匆跑到自己的房間，然後拿出五毛錢給我說：「媽媽，妳再去買一條吧！這是爸爸給我的錢。」

……

孩子是父母愛的結晶，是上天賜予爸爸媽媽最好的禮物。時光不能回轉，生命不能重來，在享受童真、童趣方面絕大多數的人都不能再重來一次。而小阿里的到來給了我一次這樣的機會，讓我可以隨著他的成長再一次地體會到童真、童趣的美妙。與孩子相處的每一刻時光都是美妙的，孩子在成長，父母也在成長，我們在這種長大裡體味著生命不一樣的色彩。

1、新媽媽的遊戲小道具

• 一張街區地圖，一個指南針。

2、新媽媽的遊戲開始啦！

• 媽媽要先教寶寶看懂地圖上的符號，當然識別符號不能靠機械式記憶，媽媽可以藉助街區的一些建築形象地給寶寶講述符號的形狀、顏色、代表的含意，然後再用逆向思維啟發寶寶根據符號聯想出地面物體的外形、特點，及特有的功能。比如，表示飯店的符號是一套餐具，一看就知道那是吃飯的地方。

• 和寶寶一起來到媽媽預備的地方，讓寶寶邊走邊看街邊的門牌、路牌，在公車站停留看站牌、街區指示圖等，再讓寶寶對照地圖，一一「對號入座」，確定自己所處的位置。

• 啟發並教會寶寶使用指南針，讓他用指南針正確辨別方向後，確定前進方向，讓寶寶帶路回家。

3、新媽媽新心得

• 寶寶觀察和對照地形、標記物有著一定的順序與步驟：由近及遠，由左至右。有點及線，由線及面。逐段分片，有規律地進行對照，因此媽媽在講解地圖的時候也應該按照這個規律。

• 如果寶寶方向判斷錯誤，爸爸媽媽需要即時地給寶寶提醒，讓他重新思考、判斷，但是不要馬上告訴寶寶正確的方向。

・戶外活動時，有的人很容易迷失方向，假如寶寶從小就學會看地圖，就能避免迷路。

新媽媽育兒理論小百科

這個遊戲可以看成是寶寶生存教育的啟蒙課程，一般而言，五歲左右的寶寶「看圖認路」是他需要學習的基本生存技能之一。

國家圖書館出版品預行編目(CIP)資料

新媽媽心教養 / 阿里媽媽著 . -- 第一版 . -- 臺北市 : 樂果文化出版 : 紅螞蟻圖書發行 , 2013.11
面； 公分 . -- (樂親子 ; 5)
ISBN 978-986-5983-53-6(平裝)

1. 育兒 2. 親子遊戲

428.82 102021518

樂親子 5

新媽媽心教養

作 者 ／ 阿里媽媽
總 編 輯 ／ 何南輝
責 任 編 輯 ／ 安燁
封 面 設 計 ／ 鄭年亨
內 頁 設 計 ／ Christ's Office

出 版 ／ 樂果文化事業有限公司
讀者服務專線 ／ （02）2795-3656
劃 撥 帳 號 ／ 50118837 號 樂果文化事業有限公司
印 刷 廠 ／ 卡樂彩色製版印刷有限公司
總 經 銷 ／ 紅螞蟻圖書有限公司
地 址 ／ 台北市內湖區舊宗路二段 121 巷 19 號（紅螞蟻資訊大樓）
電話：（02）2795-3656
傳真：（02）2795-4100

2013 年 11 月第一版 定價／ 300 元 ISBN 978-986-5983-53-6